U0188974

自然图解系列丛书

失衡的地球生态

[西] 赫拉尔多·科斯泰亚·亚布雷斯
安赫尔·路易斯·莱昂·帕纳尔 著
国红坤 译

中国科学技术出版社
·北 京·

图书在版编目（CIP）数据

失衡的地球生态 /（西）赫拉尔多·科斯泰亚·亚布雷斯,（西）安赫尔·路易斯·莱昂·帕纳尔著；国红坤译. —北京：中国科学技术出版社，2023.3
（自然图解系列丛书）
ISBN 978-7-5236-0077-1

Ⅰ.①失… Ⅱ.①赫… ②安… ③国… Ⅲ.①环境生态学—青少年读物 Ⅳ.① X171-49

中国国家版本馆 CIP 数据核字（2023）第 042081 号

著作权合同登记号：01-2022-5433

© 2021 Editorial Libsa, S.A. All rights reserved.

First published in the Spain language by Editorial Libsa, S.A.

Simplified Chinese translation rights arranged through Inbooker Cultural Development (Beijing) Co.,Ltd.

本书已由 Editorial Libsa 授权中国科学技术出版社独家出版，未经出版者许可不得以任何方式抄袭、复制或节录任何部分。
版权所有，侵权必究

规地信字 2023 第 0729 号

策划编辑	王轶杰
责任编辑	王轶杰
封面设计	锋尚设计
正文排版	锋尚设计
责任校对	邓雪梅
责任印制	李晓霖

出　版	中国科学技术出版社
发　行	中国科学技术出版社有限公司发行部
地　址	北京市海淀区中关村南大街 16 号
邮　编	100081
发行电话	010-62173865
传　真	010-62173081
网　址	http://www.cspbooks.com.cn

开　本	889mm×1194mm　1/16
字　数	230 千字
印　张	10
版　次	2023 年 5 月第 1 版
印　次	2023 年 5 月第 1 次印刷
印　刷	北京瑞禾彩色印刷有限公司
书　号	ISBN 978-7-5236-0077-1 / X·152
定　价	128.00 元

（凡购买本社图书，如有缺页、倒页、脱页者，本社发行部负责调换）

目录

生态学时代

社会的发展和现代化使人们的生活状况得到了显著改善。我们现在享受的舒适生活，是一个世纪前的人们无法想象的，获得健康、食品、文化的便捷性，在通信和运输等领域的进步，使我们进入了一个祖先无法想象的世界。

然而，实现这一切并不是无偿的。现代经济体系建立在大量消费的基础之上，我们消耗了大量工业生产的商品，其中有一部分是不必要的和多余的，这意味着我们对能源和原材料存在巨大需求。整个过程，包括这些材料的提取、转化，材料或半成品的运输，商品的生产和再运输，往往均会对环境产生或多或少的影响。这些商品将被使用，随后在其使用寿命终结时（甚至更早）被丢弃，从而变成了污染环境的废物。此外，为了确保社会活动和经济活动的顺利开展，我们进行了大量的建设工作，包括基础设施建设，以及这些基础设施的运输（目前的交通运输活动主要依赖化石燃料，因而产生了温室气体），这些建设工作都会对环境产生影响，且日益明显：生物多样性的丧失（例如人们已经在谈论的生物大灭绝）、对我们的农业食品系统构成威胁的土壤荒漠化、渔业资源的枯竭，以及与温度上升有关的气候变化等问题日趋严重，还将带来（事实上已经带来）许多其他问题。

在这种背景下，爱护环境不仅具有重要意义，而且成了刻不容缓的工作。环境问题在空间和时间上的表现，远远超出了普通公民日常生活的范畴，

鉴于其性质和重要性，政府和有能力采取行动的机构或团体应该承担起相关责任。各公司，尤其是大型公司（这些公司往往开展具有较大环境影响的活动，从中获得经济利益），均应担负保护环境的特殊责任。所有公民，作为系统所生产的商品和服务的消费者、废弃物的产生者，也同样具有保护环境的责任。

为了实现最后这一点和正确履行责任，增强环境意识和提高对现有问题的认识是根本所在。人们对这个问题日益关注，其获得的相关信息也越来越多，然而，这些信息有时可靠，有时其准确性却值得怀疑。目前，来自生态学或其他涉及环境研究的科学术语（如气候学或海洋学）在媒体中是很常见的。而在其他场合，例如在讨论环境问题的国际峰会、大会或其他活动中，所使用的术语是制度化或约定俗成的。普通民众不是这方面的专家，因此不一定能够理解和辨别所有这些术语。作为普通民众的读者可能希望对生态系统和生物圈的运作以及影响它们的问题和方式有一个总体了解，本书正是针对这类读者而编写的。

关于本书

我们将本书划分为七大部分，以便更有效地界定人类面临的问题及可能的解决方案。每个部分都整合了一系列基本内容，这些内容为读者提供了了解有关生态问题的全球视野。

几个世纪以来，人们对地球生命的研究一直集中在生物体的分类上，由此产生了专门的生物学分支，如动物学、植物学或微生物学。随着对生物认识的不断深入，人们发现它们是从分子水平到整个陆地生物圈中不同生命系统结构层次的一部分。生态学是专门研究生态系统的科学分支。由于它的发展，我们可以理解有关知识，例如，生态系统是什么以及它是如何运作的，什么是食物链，营养物如何循环利用或物种之间的不同关系。生态学为我们提供了钥匙，让我们了解人类社会发展所产生的环境问题，并帮助我们寻求其解决方案。

生物多样性

在谈及自然保护时，生物多样性是一个反复出现的术语。这个概念通常与一个地区的物种数量有关。然而，在生物学领域，这一概念不仅适用于生命形式，也适用于生物遗传学和生态系统。数百万年来，进化过程发生了巨大的变化。了解和保护生物多样性是人类的义务，遗憾的是，多年来人们一直忽视生物多样性的重要性。环境的破坏和入侵物种的引入等，都是造成地球生物多样性这一珍贵的赠予变差的因素。全球生物物种的大量减少已达到十分严重的程度，甚至被称为新的大规模灭绝。

气候变化

气候变化，特别是全球变暖，是最大的地球环境问题之一。现在人们对这一现象的起源已经明确，即人为

的二氧化碳排放。通过气候学研究，我们能够预测其影响并采取相应的行动。气温上升将对适应特定环境条件的不同物种构成威胁。人类社会也同样受到气候变化的影响，因为人们将不得不面临各种挑战，如海平面上升、更加频繁的旱灾等。

陆地系统

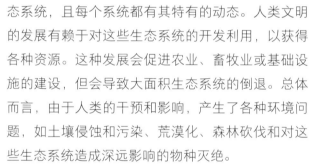

陆地系统，又称陆地生态系统，是在大陆和岛屿上形成的生态系统。从沙漠地区到热带森林，由于丰富多样的环境特征，生命体在这些区域内定居后，产生各种各样的生态系统，且每个系统都有其特有的动态。人类文明的发展有赖于对这些生态系统的开发利用，以获得各种资源。这种发展会促进农业、畜牧业或基础设施的建设，但会导致大面积生态系统的倒退。总体而言，由于人类的干预和影响，产生了各种环境问题，如土壤侵蚀和污染、荒漠化、森林砍伐和对这些生态系统造成深远影响的物种灭绝。

水生系统

在陆地区域内，河流和湖泊形成了一系列独特的生态系统。由于水文特征的影响，这些区域同时具有陆地和水生系统的特性。这些生态系统所提供的资源使其周边地区形成人类聚居的城镇。因此，城镇的扩大与发展会对这些区域的生态系统造成严重的影响，如过度开发水资源储备，中断河道或因排放废水而造成河水污染。目前，由于对其生态系统服务的整合和了解，人类已经启动各种恢复上述生态系统的项目，努力恢复其原来的特征。

海洋系统

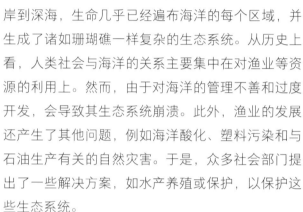

海洋覆盖了地球表面的71%，由于其面积巨大，我们将其分为几个区域，每个区域均有其独有的特征和生态系统。从海岸到深海，生命几乎已经遍布海洋的每个区域，并生成了诸如珊瑚礁一样复杂的生态系统。从历史上看，人类社会与海洋的关系主要集中在对渔业等资源的利用上。然而，由于对海洋的管理不善和过度开发，会导致其生态系统崩溃。此外，渔业的发展还产生了其他问题，例如海洋酸化、塑料污染和与石油生产有关的自然灾害。于是，众多社会部门提出了一些解决方案，如水产养殖或保护，以保护这些生态系统。

人文系统

人类活动的影响已经在全球范围内普遍发生。科学界正在争论我们目前是否处于一个被称为"人类世"的新时代。人类社会的发展创造了极度人类世的环境，尤其是作为文明中心的城市。这些城市是为了满足人们的需要而建设的，却损害了其他物种的生态环境。这种城市现象可以从生态学角度进行分析，因为这些系统与其他生态系统有相似之处。然而，尽管这些系统对其他物种几乎没有吸引力，但有些动物和植物已经适应了城市生活（即使存在光和噪声污染等新现象）。对这一现实问题的认识促进了"可持续性"等理念的发展。

失衡的地球生态

地球，拥有生命物种的星球

地球是数亿年来逐步发展和消亡的无数物种的家园。这要归功于我们的星球在宇宙中所处的位置，能够远离**宇宙灾难**并存在允许生命出现的条件。如今，我们还发现，生命与维持更有利的物理条件有关。

我们人类有责任保持地球上生命演化的最佳条件。

从太空看，地球就像一座位于可能沉没在海洋中的岛屿。恒星吞噬行星、恒星爆炸或恒星系碰撞是可能在瞬间结束生命的一些宇宙灾难。尽管被如此不友好的环境所包围，但我们知道，在超过30亿年的时间里，我们星球上的物种一直在不断进化，产生了无数种形式的生物。

在地球上，促进**生命进化**的因素包括：

- 我们所在的太阳系，位于银河系中一个相对平静的区域。这使得我们免受最常发生在银河系中心的**宇宙灾难**的影响。
- 太阳是一颗**稳定的恒星**，不像其他恒星会摧毁它周围的行星。
- 地球在太阳系中的位置也为我们提供了一些优势。例如，地球占据的位置使得**水**这种生命所必需的元素主要以液体形式存在。
- 由于地核活动，地球产生了一个可以防止太阳耀斑的**磁场**。

- **臭氧层**的存在是非常重要的，因为它可以防止来自太阳的危险电离辐射通过。

所有这些要素，连同地球的其他特征，促成了从单细胞形式到巨大的红杉或蓝鲸这些生命体的进化。**生命**在地球上蓬勃发展，几乎占据了地球的每一个角落，我们的星球是一个拥有海量**物种**的地方。本书除了对不同的现有生物进行分类以外，还破译生命组织的复杂形式。通过本书，您可以理解其中一种复杂层次：物种是如何产生联系的？从花园到亚马孙丛林，生活是在**生态系统**中组织起来的。

掌握地球的运行规律将有助于扩展我们对地球上生命的了解。但是，除此之外，通过生态学，我

太阳系中的宜居带

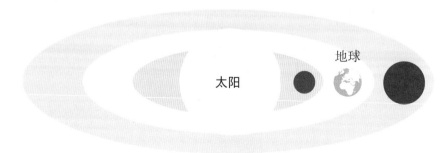

太阳　　地球

地球位于环绕太阳一周的宜居地带或宜居区域内，该区域具备了使地表有液态水的条件，因此有可能出现生命。

☐ 过热地带　　宜居地带　　☐ 过冷地带

们还可以推断出**人类的强大作用**如何对物种产生影响，以及将对我们的社会产生什么样的后果。幸运的是，这些知识也为我们提供了避免灾难所需的线索。

一个有生命的星球？

为了在太空中寻找生命，美国国家航空航天局委托科学家**詹姆斯·洛夫洛克**拟定了一个方案，通过观察行星的大气层来确定行星上是否存在生命。

为了完成这个任务，洛夫洛克假设，在没有生命存在的星球上，分子之间的化学反应最终会产生一个大气层，其中的各种成分处于平衡状态。当他将这个假设应用于火星和金星的研究时，结果显示这两颗行星上的**大气层**均处于**化学平衡状态**。但是，地球的大气层远远没有达到这种化学平衡，其他星球和地球之间最明显的区别就是生命的存在。因此，洛夫洛克假设生命正在以某种方式影响地球的物理组成，"**盖亚假说**"就这样诞生了。

微生物和大气层

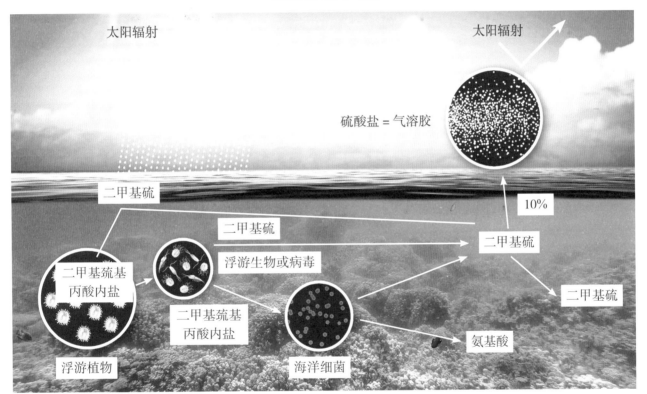

在20世纪70年代，詹姆斯·洛夫洛克与微生物学家林恩·马古利斯共同为"盖亚假说"奠定了基础。根据这一思想，生物体不仅会受到物理环境的影响，还可以在整个地球范围内改变物理环境。基于这一点，将形成一个复杂的、自我调节的系统来维持地球上生命发展的理想条件。自这个假说提出以来，人们对其可行性进行了大量的辩论。部分科学界人士认为，以希腊神话中的女神命名的"盖亚假说"，假定自然界以某种目的或按照某种原则运作。

通过洛夫洛克的理论，科学家还发现了大规模的调节机制。海洋浮游生物细菌和大气调节之间的关系就是这方面的一个例子。这些微生物会向空气中释放二甲基硫（DMS）——它是一种有机化合物，是形成典型海洋气味的原因。在大气中，DMS被紫外线辐射氧化，形成硫酸盐气溶胶。这使得云层的浓度增加，从而阻止了太阳辐射到达地球表面。其结果是使得温度下降。据估计，如果没有DMS，大气层的温度会高出3～4℃。

进化，生命的关键

要了解生物系统的复杂性，首先必须了解进化。由于查尔斯·达尔文等科学家的工作以及后来许多专业人士的贡献，我们得以认识地球上的生物多样性。目前，进化理论已成为生物学的核心，有助于理解许多惊人的生物演化是如何发生的。

以自然选择为主的进化理论解释了兔子在雪地环境中向白色皮毛的进化。

在地球上，可能存在数百万种不同的生命形式。丰富的生物多样性多年来一直吸引着自然学家和生物学家不断地进行研究。1859年11月24日，**查尔斯·达尔文**所著的《物种起源》正式出版。在这部作品中，作者解释了物种如何进化，从而产生了我们今天所见的生物多样性。

由于**进化**过程，生物可以更好地在不利条件下生存。我们以一群深色皮毛的兔子为例，假如这个种群的一部分生活在以雪地为主的环境中，除了应对寒冷的温度外，它们还必须躲避捕食者的捕捉。在这种环境下，拥有浅色的皮毛便是一种适应环境的表现，这样可以帮助它们更好地伪装自己。而生来颜色较深的兔子会很容易成为猛禽等动物的猎物，这意味着它们难以留下后代。因此，生存下来

的不是最强壮的，而是最适应环境的。

这种适者生存的选择被称为**自然选择**，是最重要的进化机制。淘汰最不适应的个体后，存活下来的兔子才会繁殖，从而留下更具适应性的后代。

如果长期保持这种选择，兔群在寒冷条件下的适应性会越来越好。它们会有白色的为其保暖的皮毛及其他特征（如较小的耳朵和适合在雪地中行走的四肢等），这些变化使它们能够在寒冷环境下生存，它们将与最初生活在更加温暖的环境中的种群

自然选择

在这种情况下，当捕食者从种群中捕捉和消灭那些因其颜色而易被识别的动物时，自然选择就发生了。相比之下，伪装得更好的兔子则存活下来，并将自己的基因传给后代。

存在很大不同，最终将产生许多差异，这使得种群之间无法杂交，从而通过进化创造出两个不同的物种。

安乐蜥和飓风

然而，进化过程有时并不是那么明显，而是以更加微妙的方式发生。2017年，大西洋经历了一个严重的飓风季。飓风"哈维""艾玛"和"玛利亚"以超过200千米/小时的风速袭击了该地区。我们往往从新闻中得知这些大气现象对经济和社会的影响，但不容忽视的是，飓风还会对当地的动植物产生影响。安乐蜥属（Anolis scriptus）的安乐蜥是更可能在强风中幸存的动物之一。这种爬行动物是特克斯和凯科斯群岛的特有物种，它们的身长只有7厘米，因此，人们想知道它们是如何在飓风中生存下来的。

飓风季过后，美国研究人员开始研究幸存的爬行动物数量。具体来说，他们测量了这些动物的身体长度、前肢和后肢的长度，并为它们的脚趾垫拍照。在将这些数据与飓风发生前从该群体中获得的数据进行比较之后，研究人员发现，幸存的爬行动物的身体较短。就腿而言，它们前腿很长，后腿则较短。此外，它们的脚趾垫也更大。随后在实验室进行的研究表明，这些特征使得安乐蜥能够在强风

来临时更好地抓握栖息物来固定身体。换句话说，安乐蜥已经适应并能够承受飓风的影响。

正是因为这些选择过程，专门针对环境具有不同特征的生物通过进化产生了，从而形成了构成地球不同生态系统的物种的多样性。如果条件改变或环境被破坏，正如我们在本书中看到的那样，物种可能无法迅速适应人类造成的影响。许多生命形式将会灭绝，它们所栖息的生态系统将会崩溃。

从原子到生物群落的生物组织层次，贯穿生物群落和生态系统。

嗜极生物和其他世界的生命

虽然地球是我们目前知道的唯一一个有生命存在的星球，但人类长期以来一直幻想着我们在宇宙中并不孤单。能够在极端条件下生活的生物的存在，为在其他看似荒芜的地方也能找到类似的生命形式提供了希望。天体生物学是研究外星生命的学科，如今其发现了更多有关外星生命存在的迹象和可能性。

科学家模拟火星土壤作为苗床，再现其极端条件并分析生命存在的可能性。

目前，作为唯一已知有**生命**的星球，地球拥有非常理想的生存条件：有大量的**水**，因为地球与**太阳**的距离适中，所以这些水能够以液态形式存在；同时，还有合适的**大气层**，使地球上的温度处于相对稳定的范围内。此外，地球上还存在生命所需的各种元素。

直到最近，太空探索才向我们展示了那些条件过于极端、无法支持与地球上类似生命存在的行星。然而，我们知道，在我们的星球上，也有一些极端环境，在那里发现了某些形式的生命，这些生命形式以微生物为主，被称为"嗜极生物"。

陨石和其他化学形式

尽管在陨石中检测到有机分子，但这并不能作为外星生命存在的证据，因为它们可能起源于其他的方式，然而这可以表明在宇宙的许多地方可能存在形成生命的基本条件。事实上，有人认为，地球生命的起源的部分原因可能是某些化合物从外部而来，它们为生命的诞生提供了必要的成分。

有时人们进一步推测，外星中的生命形式可能

通过对陨石成分的分析，我们发现了某些有机分子，就此推测宇宙中可能有更多的地方存在生命。

基于与地球中不同的化学物质而存在。已知陆地生命都是**碳**基生物，因为这是有机分子结构中的基本元素。糖和其他碳水化合物本质上是碳环或碳链，含有氢原子和氧原子，有时还有其他元素。同样，碳在DNA分子、蛋白质或脂质的"骨架"中也是必不可少的。

有人提出，其他元素，如**硅**或**硼**，可以在环境条件有利于必要的化学反应的行星上产生类似碳的结构。但是，迄今为止，还没有足够的科学证据来支持这些假设，而且也有不少反对意见。

然而，近年来，科学家们发现了越来越多的预计有可能适合居住的行星，因为它们具有类似于地球的某种化学成分，并且与各自的恒星保持适当的距离，可以提供合适的环境条件。这些发现表明，我们这个世界的生存条件在宇宙中可能并不像我们想象的那样罕见，存在生命形式的可能性增加了，这种生命形式拥有与我们相似的生化基础。目前已记载的可能适合居住的行星有50多个，但我们距离它们太远，短期内无法到达。最接近太阳系的是比邻星b（Proxima cen b），位于4.2光年之外。太空探测器则需要更长的时间才能到达那里；而且一旦成功到达，它发送的数据将需要4年多的时间才能回到地球。

嗜极生命的形式

以下是一些极端环境的示例，在这些环境中，有可能发现某种形式的生命。

生长在雪地上的红色极地雪藻　　　　黄石公园的温泉　　　　犹他州的大盐湖

示例之一是**极地雪藻**，它是一种生长在雪中的微型绿藻，当太阳辐射过度时，它会分泌出一种特殊的红色色素，用于防止其免受太阳紫外线的伤害。这就产生了"红雪"或"西瓜雪"的现象。

生活在极寒环境中的生物被称为**嗜冷生物**；与其相对的是**嗜热生物**。美国**黄石公园的温泉**以温度超过90℃而闻名。但这些水域与乍看之下的情况大相径庭，因为其中居住着大量的细菌，尤其是古细菌，其中一些细菌的最佳生长温度甚至超过100℃。

这一类别的许多微生物也定居在**极高盐的环境**中，如**犹他州的大盐湖**，其水域的成分与海洋相似，但盐的浓度比海洋高出10倍。抗高盐度的生物，称为**嗜卤生物**，也可以存在于盐渍食品中，有时在腌制食品方面发挥作用。同样，也有些生物在高酸环境中生长，称为**嗜酸生物**。

行星的地球化

地球化是科幻小说领域人们经常幻想的一个主题，是指改变其他星球的环境条件的可能性，以使其变得与地球上的环境条件相似，足以支持一个与人类生活相适应的生物圈。一些最重要的步骤将涉及气候和大气的转变。就我们讨论最多的**火星**而言，有必要大幅增加大气中的二氧化碳含量，以增强温室效应并促进温度上升。从理论上讲，这会促使冻结的水融化，其中一部会以蒸汽的形式进入大气层，强化温室效应。适应火星条件的细菌或其他微生物的散布可能

是产生氧气的解决方案。其他必要物质应从外部引进。关于如何完成这项事业，有多种建议；然而，最近已经确定，火星上存在的二氧化碳不足以实现必要的升温。还有人猜测将来会改造其他星球，例如金星，其条件与火星上的条件差距很大，需要其他类型的干预。

火星地球化的理想过程

里奥廷托河的典型案例

金属的氧化赋予了里奥廷托河独特的颜色。

其水域的化学成分可能与火星相似。

西班牙南部这条河流的水域含有来自附近矿床的大量重金属。由于含有**硫酸**，该水域**酸**度较高，但这并不妨碍多种微生物的生存，包括通过氧化溶解在水中的金属来提取能量的细菌，例如氧化亚铁钩端螺旋菌或氧化亚铁硫杆菌。这些生物和其他生物产生的金属氧化作用产生了特有的红色，从而使这条河流闻名于世。

这些生物的存在为研究人员提供了希望，即使在对生命非常不利的条件下，也有可能找到至少与其他地方的陆地微生物相似的生命形式。事实上，正是这条河引起了天文学家的注意，因为科学家发现它的化学成分使其与火星上的环境相似。科学家认为，生活在该地区地下的微生物十分特别，因为它们不需要阳光，这些生物的能量来源是金属的氧化。科学家们正在调查这些生物，他们希望为此开发的技术可以适用于对火星的研究：如果发现火星上有地下水，也许还可能存在与里奥廷托河特有微生物类似的生物。

什么是生态系统？

生态学可定义为"研究生态系统的科学"。每种类型的生态系统都有其特殊性，但它们都有某些共同点：存在生物群落和群落生境、某些系统特性、各部分的关系等。让我们通过示例来看看其中的一些情况。

当我们在郊外散步时，很容易观察到存在的生命形式因环境而异。我们可以在干燥和潮湿的森林、沙丘系统、灌木丛中或在海洋草甸中找到不同的植物群和动物群，这只是几个示例。我们将栖息在特定环境中的这些确定的生物群称为**生物群落**或**生态群落**。一个特定的生物群落的形式基本上取决于它发展的物理环境，值得关注的是，有多少水和阳光；土壤中是否含有丰富的营养物质；全年气候是否像热带地区那样恒定，还是有季节性；等等。诸如此类问题的答案将为我们提供线索，以确定哪

森林生态系统是人们理解这个概念的一个典型例子。每种类型的树木都是生物群落，环境是群落生境，栖息地则是森林本身。

些种类的生物可以生活在这样的环境中。

与特定的生态群落相连的物理环境被称为**群落生境**，而群落生境和生物群落共同被称为**生态系统**。

生态群落是由属于不同**物种**的个体组成的。

群落生境 **生物群落** **生态系统**

环境与生物的关系

群落生境 | 生物群落 | 生态系统

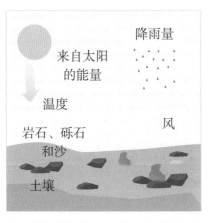

生态群落共享的物理环境称为群落生境。

在同一个环境中，动植物群共同生活。

群落生境和生物群落共同构成了生态系统。

群落中属于某个特定物种的个体的集合，就是生态学家所说的**种群**。通过这种方式，我们可以想象，在一片森林中，有狼种群、松鼠种群、野猪种群、橡树种群，还有构成森林的每个物种的其他植物或动物种群。所有这些种群的集合则是我们所说的生物群落或群落，而其栖息的物理场所（土壤、岩石、空气等）则是群落生境。

正如我们将一个生态群落栖息的地方称为群落生境一样，我们把一个物种群体生活的地方称为**栖息地**。群落生境只是物理环境，而栖息地还包括主要的植被。我们再次以森林为例：该森林的群落生境可能是山坡，也可能是平原，但生活在其中的松鼠的栖息地是森林，主要由树木组成。事实上，这些树木的栖息地也就是它们形成的森林。栖息地的概念是非常重要的，因为它被用于保护和管理自然空间和生活在其中的物种的各种环境法律和环境计划中，因此，我们必须准确地了解每个定义的确切含义。

生态系统

顾名思义，生态系统首先是一个**系统**。这意味着它的各个部分（栖息在其中的生物体以及环境）以某种方式相互**关联**，产生了内部秩序并实现了一系列的功能。这就是**生态学**的研究对象。在生态系统内，由于构成系统一部分的生物体之间存在复杂关系，因此建立了多种网络。例如**营养关系**，即与食物有关的关系：我们以狮子和瞪羚的关系为例，它们是捕食者和猎物的关系，瞪羚和它们赖以为生的植物也是如此。另一种情况是蚊子和蜱虫，它们与被其吸血的动物存在寄生关系。此外，还有其他相互作用的方式：例如，珊瑚为许多鱼类提供庇护所；各种昆虫吸食花蜜，同时也为花朵授粉；一些鸟类吃掉聚集在牛和其他动物身上的寄生虫；某些树木在其叶子中产生有毒的化学物质，因此当它们落下时，会阻止可能与其竞争土壤中的水分和营养的其他植物的生长。在自然界中有许多例子，我们可以从中看到它们的关系或相互作用。

生态系统

生物多样性

生态系统的多样性

生态位

　　生态位是一个抽象的概念，却是生态学的一个基本概念。一个特定物种的个体与其环境（包括与其他生物和物理环境）的关系，产生了生态学中所谓的生态位。有时人们会说，生态位让我们了解该物种在生态系统中所扮演的角色，或者它的"职业"。也可以说，生态位是物种在生态系统中所占据的位置，但不是物理意义上的位置，而是就其作用而言。因此，一种蝙蝠所占据的生态位是由多种因素共同决定的，例如它栖息的地方（洞穴、树干……）及其外出狩猎的地方（空地、林区、城市……），还有它外出觅食的时间、以哪种昆虫为食、它可以生活的温度范围等。两个物种可以生活在相同的物理空间，但以不同的东西为食，因此它们不会占据同一个生态位。当两个物种占据相同的生态位时，就会出现竞争关系，通常情况下，这两个物种其中的一个最终会被转移到一个更窄的生态位，甚至从生态系统中消失。这种现象的许多例子表现的都是在引入入侵物种之后与本地物种竞争，并最终导致某一物种消失。

不同类型的蝙蝠共享一个生态位的情况：它们必须在生活习性、行为、摄食等方面重合，并相互竞争。

　　生物多样性与所研究地区的生态系统的多样性直接且密切相关：干旱生态系统、高山、沼泽、沿海沙丘和沙洲、森林、乡村，正如地中海地区的情况一样。

生物多样性

生态系统多样性

生态系统的调节

如上所述，作为一个复杂的系统，生态系统是由**相互作用**的多种成分组成的。这些组成成分可以处于不同的状态，其状态可以根据与其他组成成分的相互作用而发生改变。但是，它并不是随机发生的，而是以特定的方式发生，因此，我们可以说系统内部存在多种调节机制。

像大草原等生态系统是通过负反馈机制保持平衡的。

这就是存在于所有生物、生态系统、社会系统甚至气候系统中的**反馈机制**（feedback）。这些反馈机制可以分为两种类型：

- **负反馈**，这种反馈起到稳定生态系统的作用，对系统或其成分的状态变化发生作用，从而维持系统平衡。
- **正反馈**，与负反馈的作用正好相反，破坏系统的稳定；也就是说，它会促进系统内部的变化，这种反馈作用可能在负反馈发生变化后结束。

对于负反馈，我们以恒温器为例，它虽然与生物学无关，但更易于理解。如果我们将供暖系统的恒温器设置为22℃，只要温度低于22℃，加热器就会被启动；而一旦温度超过22℃，加热器则会立即被停用。如果房间内温度降低，加热器则会被重新启动，从而使系统持续保持设定的温度。我们自己的身体也有类似的系统，如神经传感器检测温度并将信息发送给我们的大脑，可以激活相应的机制，

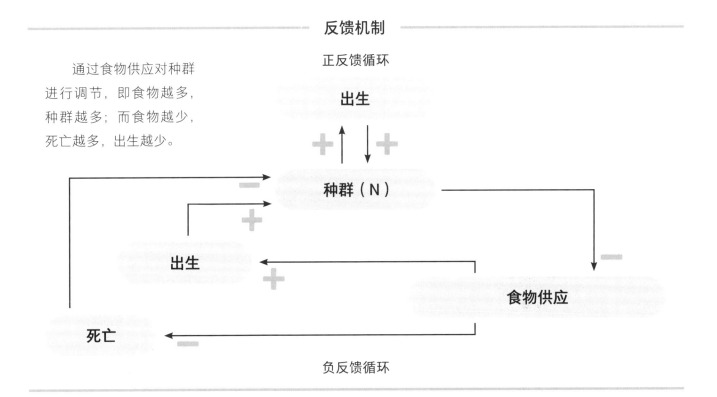

反馈机制

正反馈循环

通过食物供应对种群进行调节，即食物越多，种群越多；而食物越少，死亡越多，出生越少。

出生

$+$ $+$

种群（N）

$-$

$+$

出生

$+$

死亡

食物供应

$-$

负反馈循环

负反馈的一个典型例子就是捕食者和猎物之间的反馈。

正反馈最好的例子是害虫，例如图片中的列队毛虫。

在我们感到寒冷时升高体温（如发抖），或在我们感到炎热时降低体温（如出汗）。一旦温度恢复正常，这些机制就会停止作用。

就生物而言，我们所说的**内稳态**是指保持有机体条件稳定的自我调节机制。在一个生态系统中，我们可以看到捕食者与猎物之间的负反馈关系：如果猎物数量增加，捕食者将拥有更多的食物，其数量也会增加，由此导致猎物减少，随后捕食者数量减少，使得猎物数量再次增加。显然，这些机制是通过抵消变化产生的影响而运作的，所以被称为负反馈机制。

准确地说，在一个种群增长的过程中，表现出一种非常简单的正反馈机制：个体越多，生育次数就越多，这种效应就会增强。这就是产生害虫爆炸性增长相对应的指数增长曲线的原因，例如，当它们消耗了允许其繁殖的资源之后，这种增长就会停止。相反，也会出现正反馈的情况，即种群的极度减少使其成员难以繁殖，这是因为其成员广泛分散，难以交配，近亲繁殖和遗传性疾病也会增加。这些影响将加剧种群的减少，从而进入一个恶性循环，最终导致该种群濒临灭绝，现实中经常发生这种情况。

平衡的环境

正反馈和负反馈的循环往往是交织在一起的。很容易看出，在一个生态系统中，指数增长机制与捕食机制，以及使生态系统具有活力的许多其他机制共存，这些机制通常保持在**平衡**状态，但是，当其任何组成部分发生改变时，这种平衡就会发生很大的变化。

负反馈

如果狐狸种群增加，兔子种群的增加则会减缓。反之，如果狐狸数量减少，兔子就可以繁殖更多后代。

正反馈

如果兔子种群增加，狐狸会有更多的食物，其种群则会增加。同样，如果兔子种群减少，狐狸种群也会减少。

什么是食物链？

在一个生态系统内，物种是根据它们的食物需求建立组织的，这就是所谓的食物链。这个概念是指生物体之间能量和营养物质的转移。为了更好地理解这个概念，我们以生活在非洲大草原上的动物和植物为例。

为了了解**食物链**，我们来详细了解一下它所包括的所有层次：

- 处于食物链第一环节的生物物种是**植物**。从草原上的青草，到林地的灌木和树木，都是**初级生产者**的例子。初级生产者是一个包含**自养型生物**的概念，指的是能够利用太阳等能源从无机物中获得营养的生物体。就植物而言，它们从土壤和空气中获得营养。光

大象是异养动物，但它们属于初级消费者，因为它们是食草动物。

合作用在这一群体中十分重要，植物通过这个过程吸收空气中的二氧化碳并生成能量分子，如葡萄糖。

- 食物链中的其余生物均包括在被称为**异养动物**的群体中。也就是说，这些生物消耗其他生物体来获得营养。其中，**初级消费者**是以生态系统的初级生产者为食物的消费者。在大草原中，初级消费者指的是食草动物，如啮齿动物、瞪羚、羚羊、斑马、大象。但我们也可以把植食性昆虫列入其中，因为这些节肢动物以植物的汁液为食。

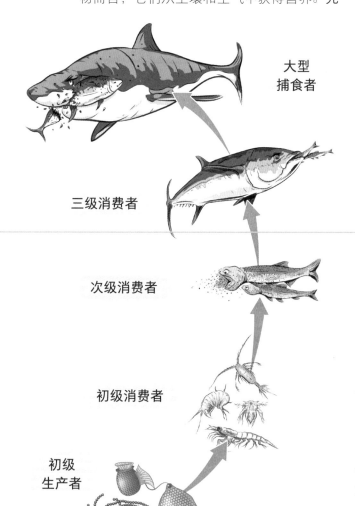

大型捕食者

三级消费者

次级消费者

初级消费者

初级生产者

海洋食物链

在一些海洋区域，营养物质的供应量相当高，作为初级生产者的浮游植物的数量大量增长。在初级消费者层面，我们发现了构成**浮游动物**的**微型动物**。这些生物体被各种鱼类和甲壳类动物捕食，它们在食物链中的角色是次级消费者。在下一个层次中，出现了以金枪鱼等掠食性鱼类、鲣鸟或海狮为代表的三级消费者。最后是食物链中的第五个层次，这一层次由大型捕食者构成，如大白鲨、虎鲸，甚至是人类。

- 更高一级层次的是**次级消费者或食肉动物**。这些动物的食物以低级别的物种，即上述食草动物为主。在非洲大草原上，具有代表性的是猫鼬、蛇或豹。其他属于这一层次的物种是寄生虫（如水蛭）或食腐动物（如鬣狗或秃鹫）。
- 可能有更高水平的**第三级消费者**，即同时以初级消费者和次级消费者为食的物种，其中包括大型捕食者，如狮子。
- 此外，在一个单独的层次上，还应当提到**分解者**。我们将在关于营养物循环的章节中做出详细说明。

该组织将生态系统的物理和生物组成部分联系起来。从初级生产者到顶级捕食者，所有层次都通过能量和营养物质的流动相关联。考虑到这一因素，对一个生态系统运作的主要制约因素是发生在**基础层次的生产程度**。这一点是最根本的，因为能量和营养物质会随着跨层次的转移而流失。对后者而言，当其被排出体外或有机体死亡时，它们则成为无机物或分解物的一部分。由于食物网的这一特点，食草动物可以找到大量的食物，从而能够发展出庞大的种群。随着在食物链中的上移，能量的损失导致种群变得更小。直到达到顶级捕食者层次，其种类仅剩少数几个类型。

食物链的长度可以根据自养生物的产量而变化（见上一页海洋食物链专栏）。

大草原食物链

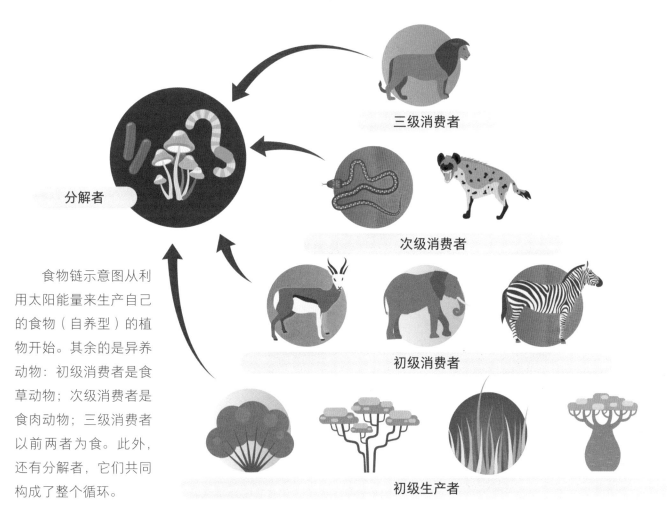

三级消费者

次级消费者

初级消费者

初级生产者

分解者

食物链示意图从利用太阳能量来生产自己的食物（自养型）的植物开始。其余的是异养动物：初级消费者是食草动物；次级消费者是食肉动物；三级消费者以前两者为食。此外，还有分解者，它们共同构成了整个循环。

营养素的循环

按照定义，营养素是所有生物体发育的基本元素。根据这些营养素的生命形式及其重要性，各个物种以不同的方式获得它们。在生态学中，我们可以说这些营养素在循环中移动，这些营养素的循环存在于生态系统的所有部分。

植物或树木通过其根部和叶子获取营养。

为了实现不同的生命功能，生物体需要营养物质，例如，植物一方面通过其根部获得必要的矿物质；另一方面，通过叶子从大气中获得二氧化碳和氧气。在食物链中，异养生物是自己不能合成有机物，必须以外源有机物为食的生物。得益于此，它们获得了能量分子、氨基酸来产生蛋白质、脂肪酸、维生素或某些矿物质及其他物质。

根据消耗的营养素的数量，我们可以将营养素划分为两种类型：**宏量营养素**和**微量营养素**。宏量营养素是指用于产生能量或用于组织生长营养素的物质。碳水化合物、脂肪、蛋白质或水就属于宏量营养素。微量营养素是指那些被少量使用的营养素，它们具有非常特殊的代谢功能。这种营养素通常为矿物，如铁或铜。在本节中，我们还会提到**基本营养素**的概念，它是一种有机体所必需的物质，但它不能由有机体自行产生。例如，人类通过食用某些食物获得维生素C。然而，对于那些能够合成它的动物而言，这种分子并不是必需的。

正如我们所说，从生态学的角度来看，营养素存在于循环中，元素在有机物和无机物之间进行交换。这些系统被称为**营养素循环**。正是由于这种循环的存在，碳、硫、氮或磷等元素才可以不断循环利用。因此，我们可以把这种循环理解为生态系统中的一个自然循环过程。

一棵树的分解过程

我们可以在下图中看到整个连续的过程。

首先，**第一批分解者**是**甲虫**，它们以树皮为食，钻入木材内，将大部分木材分解为粪便和小碎片。这些昆虫创造的通道被真菌和细菌用来进入树干内部。

然后随着分解的进行，木材会变软且更加潮湿。这为**苔藓、地衣**和**其他节肢动物**的出现提供了条件，并且加速了它们的出现过程。

营养素循环

正如所有其他营养素循环一样，在氮循环中，各种元素在有机物和无机物之间进行交换。在整个循环过程中，氮分别在大气、土壤和水中以各种化学形式存在。无机氮通过多个过程进入食物链。就植物而言，它们可以通过根部从土壤中吸收氮。在这个部位，氮是以硝酸盐或铵的形式存在的。

此外，其他获得氮的方式是从大气中获得，它在大气中的浓度更高。一旦成为生态系统的一部分，氮将经过食物网中的不同消费者被利用：从食草动物、食肉动物和其他层次，直到分解者。在所有这些环节中，特别是在最后一个环节中，由于不同细菌的作用，它将被排出体外并恢复到无机形态。

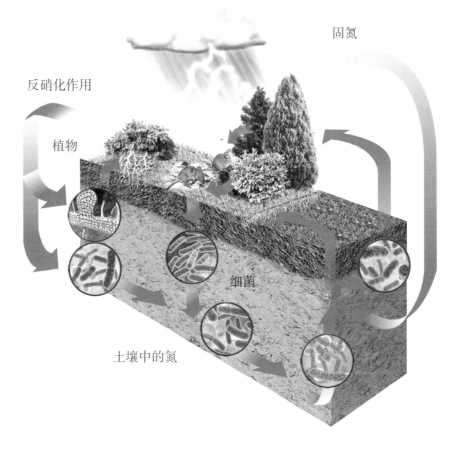

大气中的氮 N₂

固氮

反硝化作用

植物

细菌

土壤中的氮

这个循环系统的一个重点是有机物的分解过程。没有它，食物链中的初级层次就无法获得氮等营养物质。这一功能是由一个多样化的生物群落来实现的。以一棵刚刚倒在林地上的枯树为例，它随着时间的推移而分解。我们可以在下图中看到整个过程，首先参与其中的是昆虫、真菌和细菌，然后出现了某些植物和真菌，最后，它与森林中的土壤融为一体，生命将再次出现。

接下来，其他种类的真菌会加速繁殖并负责分解更难以分解的物质，如纤维素或木质素。

最后，树干逐渐腐烂，变成一堆红褐色、像地膜一样的抗腐木质素材料。树木的大部分养分已被耗尽，成为土壤中无机物的一部分。

物种的关系

生态系统中的物种相互影响，这并不是随机发生的，而是以特定的方式，例如可以通过捕食者-猎物、寄生者-宿主、传粉者-受粉植物等关系实现。这些关系的配置方式对于理解生态系统的功能和每个物种在其中发挥的作用至关重要。

营养关系是其中最为重要的关系之一，因为它涉及物质和能量在生态系统中的流动，并且所有生物都参与其中。如上所述，我们可以把每个生物置于食物链的一个特定层次或环节上（见第22页"什么是食物链？"），但在真正的生态系统中，各种关系是非常复杂的，事实上，它们更像是**三维网络**。正是出于这个原因，科学家们经常尝试用网络的形式来表示生态系统中生物营养的相互作用，这有利于直观地了解一个生态系统中不同物种的相互联系。例如，可以研究哪些是**主要节点**，即寻找那些比其他物种联系更加紧密的物种。如果某个占据这些节点之一的物种从生态系统中消失，其消失所产生的影响将远大于连接不紧密的物种消失所造成的

牛背鹭以水牛的寄生虫为食，从而建立了一种互利的关系，使双方都从中受益。

影响。此外，营养关系还经常可以在**模组**中看到，即彼此关系密切但与其他模组中的物种几乎没有关系的物种群。

这种分析不仅仅适用于食物网，也适用于其他关系。当然，生态系统中的物种还有许多关系，例如，可以表示传粉者和受粉植物之间的关系网络，或者传播种子的动物和受益植物之间的关系。这些非营养性的网络使我们能够确定同样也很重要的其他类型的关系。

物种的关系

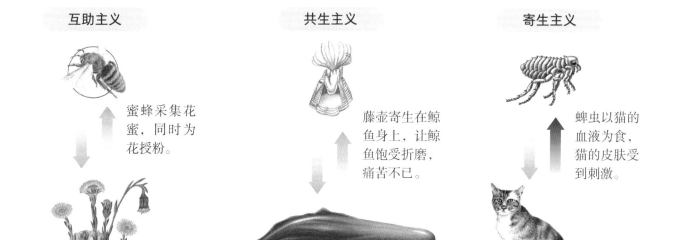

互助主义

蜜蜂采集花蜜，同时为花授粉。

共生主义

藤壶寄生在鲸鱼身上，让鲸鱼饱受折磨，痛苦不已。

寄生主义

蜱虫以猫的血液为食，猫的皮肤受到刺激。

根据其关系对各方带来的好处或坏处，可以将物种的关系分为以下不同的类型：

- 捕食和寄生，即一个**物种获胜或受益，另一个物种失败或受害**。在第一种情况（捕食）下，捕食者杀死猎物并以其为食，如老鹰捕食兔子；在第二种情况（寄生）下，寄生虫以其宿主为食但并不杀死宿主，如蜱虫寄生在狗的身上。另一种一方获胜/受益而另一方失败/受害的关系是化感作用，即一种植物通过向环境释放特定的化学物质，抑制其他植物的生长，从而通过避免与其竞争而使自身获益。桉树就属于这种情况。

- 共亡，当两个不同物种的个体相互竞争并且**都受到伤害**时发生。这是一种极端且罕见的情况，例如，当寄生虫在成功完成其生命周期和繁殖之前就杀死其宿主时，会发生这种情况。

- 共生，指在某些情况下，这种关系对一方或另一方来说是**中性的，即既无益也无害**，其中一个物种以另一个物种的食物残渣为食，或以其身体的分泌物（如黏液或黏膜）为食。例如，许多海绵（一种原始的多细胞生物）上居住着各种小型甲壳类动物，其中一些是寄生虫，而另一些是共生体，它们从海绵过滤的食物中受益，但不会对海绵造成伤害。

- 互惠共生，即存在的**互利关系**。例如，牛背鹭以牛和其他食草动物皮肤上的寄生虫为食。双方都可获益：一方得到食物，而另一方得到卫生。如果两个物种不能分开生活，则属于**强制性互惠共生**关系。地衣是由真菌和藻类两种生物共生形成的，其中真菌为藻类提供生存的媒介；而藻类进行光合作用，向真菌提供营养物质。珊瑚也是如此：珊瑚是由海葵属小型腔肠动物组成的群体；在其内部生活着一种藻类。这种互惠共生关系通常被称为**共生现象**，当所涉及的物种关系非常密切时，这种联合被称为**共生体**。然而，共生一词有时适用于其中有一个寄主和一个宿主的不同类型的关系；包括寄生、共生和互生关系。

寄生虫

陶工蜂筑造的泥巢

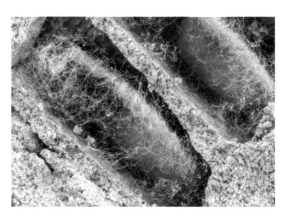

蛹，陶工蜂的幼虫

还有一种情况是，物种的关系在寄生和捕食之间：寄生虫的关系。其中一个代表性例子就是陶工蜂，它是一种独居昆虫，其雌性在墙壁上用泥土筑造小型水平管状的巢穴。在每一个巢穴中，它都会引入一只被毒液麻痹但仍活着的蜘蛛，并在它身上产下一个卵，从中孵化出幼虫，它就像一个寄生虫一样，会以宿主为食但不会立即杀死宿主。然而，最终蜘蛛将被完全吞噬，幼虫将变成新的陶工蜂。尽管以上所述的陶工蜂以蜘蛛为食，但还有许多其他种类的蜂将卵产在毛虫或其他可能对农作物有害的昆虫身上。因此，许多寄生虫物种被证明是对人类有益的害虫控制者。

生态系统服务

人类社会一直在自然环境中发展，与人们赖以生存的各种生态系统相互关联，人类有时以可持续的方式对这些系统加以利用，有时开发过度，超出自然生态可承受的范围。然而，在高度城市化的现代社会中，很大一部分人在生活中并没有充分意识到哪些是与我们文明的运作相关的生态系统产品和服务。

工业排放的废水、废料以及其他废物对土壤的污染造成土壤退化，并降低或消除了土壤为我们提供服务的能力。图为也门萨那的污染状况。

这种对环境的**功利主义观点**产生了不同的研究领域，例如生态经济学或环境经济学。为我们提供生态系统产品和服务的一系列自然资源被称为**自然资本**。由于这些资源的存在，生态系统中存在着产生商品和服务的过程。这些服务通常被分为以下4类：

- **支持性服务**是其他服务的基础，由直接或间接产生这些服务的不同过程组成。例如，水或营养物质的循环、光合作用、土壤的形成或为不同生命形式的发展提供足够的空间。
- **供应服务**包括提供我们从自然界摄取的产品——木材、食物、清洁水、能源、药材等。
- **调节服务**，指的是生态系统的调节过程给人类带来的作用。例如，一个森林生态系统可以在防止土壤侵蚀和部分控制流经它的水循环方面发挥重要作用。此外，它还可以实现净化空气的功能。我们还经常利用生态系统来处理废物，在某种程度上，生态系统能够分解和回收废物，只是我们目前的社会产生的废物往往超出其能够处理的限度，造成了严重的污染问题。
- 最后，值得一提的是**文化服务**，它是一种无形的益处，如观察大自然带来的乐趣，或可能开展的实践活动，如徒步旅行、在河里游泳或在沙滩上做沙堡，以及庆祝与大自然有关的节日和传统习俗。

在左图中，土壤提供了一种支持性服务，它为各生态系统提供了一个可以发展的空间。中间图展示的是森林提供调节服务，净化水体并参与水循环。右图展示的是文化服务，大自然为人类提供休息、休闲或体育活动的空间。

红树林、虾和海啸

红树林是出现在热带和亚热带地区海岸的一种生物群落。它们生长在高盐的湿地和沼泽地区，在这些区域，它们与各种特别适应此类环境的树种共存，形成森林系统，一直延伸到海岸线。尽管它们的生态系统看起来相当恶劣，不仅难以移动，还受到蚊子的困扰，但当地居民传统上一直从中获得各种服务：获得木材、鱼类及废物处理等。

红树林所在的地区往往特别适合养殖用于销售的对虾和其他虾类。然而，以工业规模建立这类养殖场与红树林是不相容的。在世界许多国家，这些生态系统正在迅速退化，因为它们被规模不断扩大的养虾场所取代，用于饲养供应各大超市的对虾。

2004年，印度洋发生了有史以来最大强度的地震。地震引发的海啸波及周边众多国家，无数人口遭到重创。专家们后来推断，在养虾场取代红树林的地区，其损害远远大于生态系统得到保护的地区。这些森林生态系统所提供的服务之一是防止极端事件。森林作为一个屏障，吸收了海啸的部分能量，在海啸发生时降低其破坏力。此外，养虾场主要由大型水池组成，海浪可以在几乎不会减速的情况下轻易通过这些水池。因此，贝类产业开发破坏红树林的案例已经成为一个可悲的例子，由此证明我们改变原有生态系统是错误的，而当我们意识到这一点时往往为时已晚。

重造泰国沼泽森林中的红树林，以拯救海洋生物和保护沿海环境。

螃蟹群位于印度尼西亚的红树林地区。

2004年印度洋地震和海啸造成的自然灾害，图为2004年12月26日受灾的印度尼西亚亚齐特别行政区班达亚齐市。

什么是关键物种？

所有物种都在生态系统中发挥作用。然而，对于系统的正常运行，某些生物可能比其他生物更加重要。这些生物被称为关键物种。关键物种，不但有植物也有动物（如兔子和狼）。

为了便于理解它的作用，我们可以以建筑拱门的基石或拱石作比喻。它放置在拱门的中心，可以防止整个结构倒塌。同样，即使**关键物种**的数量很少，其缺失或存在也都会对生态系统产生重要影响。

一个关键物种的影响，通过被称为**营养级联**的机制在整个食物链上传播。该术语是指对链条中某个环节的影响如何间接地影响其他环节。营养级联可以发生在：

主要食肉动物（如狼）的灭绝对生态系统的影响被称为营养级联效应。

- 自上而下，例如在引进或清除捕食者的情况下。
- 从下到上，干扰涉及食物链底层的物种，如植物。

营养级联的情况

下方的插图展示了一个由生态系统中的一个主要食肉动物消失所引发的营养级联情况。

之前

有多种类型的捕食者。植物群落和鸟类群落都是多样化的。大型食草动物的数量较少。

之后

随着大型捕食者的消失，狐狸占据主导地位。大型食草动物的数量增长，植物群落和鸟类多样性下降。

营养联系

　　有时，关键物种和营养级联的作用将看似明显无关的生物体联系起来。兔子和英格兰的大蓝蝶（*Phengaris arion*，也称为*Maculinea arion*）的灭绝就属于这种情况。在英国的生态系统中，兔子的饮食决定了植被由低矮的草组成。在这些条件下，在植物的下部筑巢的红蚂蚁大大受益。此外，这些蚂蚁与大蓝蝶有着互惠共生的关系，大蓝蝶的毛虫需要这些蚁穴才能生存。

　　在这种关系中，其交换方式如下：毛虫为蚂蚁提供营养液，而蚂蚁允许毛虫吃掉它们的一些卵。我们应该补充一点，毛虫模仿蚂蚁的气味甚至声音的能力也加强了这种互惠关系。然而，这种情况因黏液瘤病毒的到来而被破坏，由于这种疾病，兔子的数量锐减。食草动物的减少有利于高大植物物种的生长，而这种植物不符合建造蚁穴的条件。营养级联最终影响了大蓝蝶，导致其于1979年在英国灭绝。目前正在开展将它们重新引入该国的工作。

营养级联对于看似明显无关的物种存在影响。兔子和蓝蝶就属于这种情况。

　　在美国黄石国家公园的**狼群**中可以找到一个关键物种和营养级联的例子。1926年，经过多次狩猎和消灭活动，这些捕食者已从该地区完全被消灭。幸运的是，保护工作使得它们在1995～1996年被重新引入。在此之前，**鹿**的数量已经爆炸性增长，大部分植被消失。但随着捕食者的到来，鹿的数量减少了。此外，食草动物改变了它们的行为，它们避开了容易成为猎物的区域。结果，柳树和杨树**森林**再生，吸引了**鸟类**等其他动物。熊也从中受益，它们以森林的浆果为食。另一方面，被引进的狼与当地**丛林狼**竞争，导致了狼的总数减少，而**兔子**和**老鼠**数量的增加。随着猎物数量的增加，**鹰**、**黄鼠狼**、**狐狸**和**獾**等捕食者也从中受益。同样，森林的再生吸引了一种具有改变生态系统能力的物种——

海狸。它们以利用树木筑坝蓄水而闻名。不仅海狸从中受益，水生动物（如水獭、鸭子、鱼）、爬行动物和两栖动物也同样在这项工程中受益。森林增长的另一个影响是稳固了**河岸**。鹿的数量多意味着柳树低矮，其根系较小，这导致河岸的水土流失。通过控制食草动物的数量，柳树的高度增加了，在河流周围形成了更多的树冠，稳固了河岸并阻止了水土流失。简言之，狼的引入改变了河流的走向。

　　这些案例都是关键物种的代表性示例，显示了生态系统运作的复杂性。正如我们所见，它们的存在或不存在可以制约物种的存在或灭绝，尽管这些物种在食物链中相距甚远，但同样相互关联。

随时间推移而变化的生态系统

生态系统不是静止的，物种的组成会随着时间的推移而变化。这种现象被称为生态演替，它是理解生态系统如何运作的一个重要概念。这个概念与栖息地的开拓、牧场或森林的出现以及火灾等干扰因素的作用有关。

生态系统通过物种的动态变化保持平衡，其作用发生变化，从一个演替点变为另一个演替点。

在我们了解了一个生态系统的组成部分和功能之后，我们就不得不谈及它随时间的演变：

- 为此，让我们来了解一下**农田**被**遗弃**后会发生什么。由于不再存在人为压力，不同的物种将能够使用已被释放的生态位。
- 最先出现的植物将是形成草地的草本植物。这些被称为**先锋**的物种具有一些共同的特点。一方面，它们能够产生大量的种子，这些种子被风吹散后，可以在新的地方定居。此外，它们还可以在强烈的阳光下发芽，并且生长迅速，从而获得了比其他植物更多的竞争优势。
- 这个植物群落（**草和多年生植物**）将供养一些特定的动物，如蝴蝶和兔子。
- 随着时间的推移，第一批植物物种产生了一些对其他物种有利的条件。例如，由于已有植被覆盖，需要一些遮阴的植物可以发芽。这样一来，我们将开始看到生长较慢的物种，其中包括黑莓或山楂等**灌木**。

- 第二个物种的生长有利于其他物种的出现，这些物种被称为晚期物种，提供更好的遮阴条件。这就是松树、杨树或野生果树（**幼林**）等树木开始定居的方式。这个新的植物群落将有利于其他类型动物的定居。
- 在这一点上，出现了一个奇怪的反馈循环。某些以树木的果实和种子为食的鸟类开始在该区域筑巢，这直接帮助了树木的散布和传播。最终，曾经废弃的荒地变成了一片（**成熟的**）森林。这个过程被称为生态演替。

也可能发生另一种情况，即生态系统在演替的某个早期阶段处于平衡状态。大平原、大草原或稀树草原的情况就是如此。在这些地区，野牛或大象等大型食草动物的存在给晚期物种群落带来了巨大

生态演替

这个概念是指一个生态系统的物种组成随时间的推移而变化。由此我们发现，在演替的每个节点上，植物群落和动物群落都是不同的，因此呈现出不同的结构和功能。传统上，生态演替被认为趋于高潮，以成熟的森林或丛林为代表。然而，这种观点现在已经过时。生态学家认为，生态系统是动态运行的，从一个演替点变为另一个演替点。

无生物栖息的区域　　　　　　先锋植物（一年生）

干扰

干扰是指部分或完全破坏一个生态系统的任何过程。

火灾

冰雪融化

熔岩

干扰的一个例子是火灾。让我们回到森林的案例中来。群落建立起来之后，火灾可以烧毁地面上的树木、种子及幼苗。除了破坏森林之外，还妨碍了森林的再生。因此，它为开放的生态位留下了空间，使其被先锋物种所占领。这种类型的干扰产生了所谓的**次生演替**，这是一种在以前被生态群落占领的地方产生的演替形式。

当这个地方没有被任何生态群落占据时，就会发生**初生演替**。例如，当冰川融化时，未被侵扰的岩石会暴露出来。另一个例子是火山爆发后产生的土地，其熔岩已经流入大海。在这两种情况下，均出现了可以发展生命的新的生态位。这些情况下的先锋物种将是地衣、真菌和藻类。这些生物将为植物的生长创造必要的条件，植物对岩石的作用将引发土壤的形成。这样一来，将启动连续的步骤，产生更加复杂的生态系统。

的压力。由于大型食草动物以最年轻的乔木和灌木为食，这些植物的生长和森林的出现被阻止。生态系统动力学的另一个重要部分是干扰的作用（见第33页"干扰"专栏）

| 草和多年生植物 | 灌木 | 年轻森林 | 成熟森林 |

什么是生物多样性？

生物多样性是指生命的多样性、变异性。这个概念包括几个方面：物种或特定的生物多样性、种群的基因或遗传，以及一个区域内的生态系统或生态。

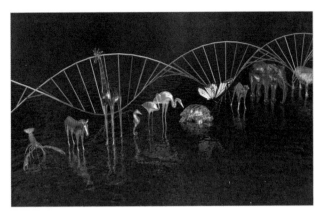

遗传多样性为种群的适应和物种的进化提供了可能，从而撒下生物多样性的"种子"。

虽然**特定多样性**的概念看似很简单，但它涉及了一系列复杂的问题：这种多样性由什么组成，我们如何能衡量它？这是科学使用**指数**的案例之一。这些数字是我们通过公式计算得出的，而这些公式是由可以量化的事物构建的，以便获得不能直接测量的事物的信息。衡量一个生态系统中物种多样性最简单的方法是通过物种的数量来识别，即所谓的**丰富度**。然而，有一些更精细的指数还考虑到了**比例**问题。为了理解这一点，我们可以假设有一片森林，其中所有的生物都属于同一物种，例如白松（实际中，无论如何都不可能出现这样的生态系统，此处我们仅作为一个假设，以便对生物多样性的问题进行说明）。由于物种都是一样的，因此，它们应是同质的，而多样性应当是最小的。如果现在我们添加另一个物种（如橡树），那么这片森林应当拥有更大的多样性。但现在我们可以想象不同的情况：一种情况是有很多松树，只有几棵零星的橡树，另一种情况是两个物种的标本数量大致相同。

在这两张图片中都有两个物种，所以它们具有相同的丰富性。然而，右图两个物种之间的比例更加平衡：它是一个异质程度更高的系统，因此其生物多样性更高。

虽然在这两种情况下，其物种丰富度相同，但比例不同。第二种情况比第一种情况的生态系统具有更高的异质性，因此，我们可以认为第二种情况更具有生物多样性。

遗传多样性

遗传多样性是指一个种群内的遗传变异性，即该种群**适应**和**进化**的潜力。如果一个种群中的个体具有某些共同的特征（这些特征将被编码在其遗传密码中），使这些个体高度适应特定环境的条件，只要环境保持稳定，其生存机会就会很高。但是，如果环境发生变化，在新的环境条件下，这些个体本来很好的适应性可能就起不到什么作用了。在这种情况下，种群生存的最佳保证应当是存在不同的个体（有不同的基因），其特征在以前的环境中可能并不那么理想，但现在可能是有利的。这样一来，个体之间特征的多样性增加了种群适应变化的可能性。这就是为什么**近亲繁殖**往往有害的原因之一，近亲繁殖群体的遗传变异性降低，其进化能力也降低。

生态系统的多样性

在谈到生态系统的生物多样性时，我们指的是一个地区的生态系统的多样性。自然，更多样化的生态系统将容纳更多种类的物种，并提供更多的生态系统服务。此外，不同的生态系统通常存在相互作用，可以产生有趣的动态。例如，河流穿过森林和被植被边界分隔的不同的农田就是这种情况。

生物多样性的重要性在于，当生物多样性较高时，它为生态系统提供了更大的稳定性，使之具有更大的承受改变的能力，即复原力。换句话说，如果有更多的物种，也会有更多的关系，假设其中一个物种消失，另一个物种将更有可能取代它。此外，更多的遗传变异性为种群提供更大的适应能力。因此，生物多样性的丧失是我们这个时代的最大环境问题之一。

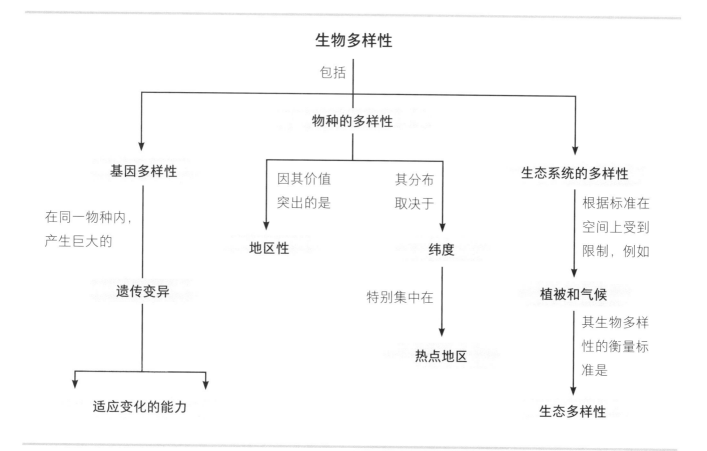

生物多样性热点地区

生物多样性的丧失是我们这个时代面临的最大环境问题之一。随着人们认识水平的不断提高，政府、机构和非政府组织都在努力解决这个问题。世界各地的生态系统中分布着数以百万计的物种，然而能够用于保护生物多样性的资源却十分有限。

生态系统遭到破坏的全球形势向我们提出了挑战，要求我们**确定优先事项**，并就如何采取最有效的行动作出决定。目前用于实现这一目标的一种工具是**热点或"生物多样性热点地区"**，它用于划定重点关注的区域。

黄眼草科（Xyridaceae）植物*Orectanthe sceptrum*是南美洲帕卡拉马山脉罗赖马山峰（委内瑞拉、圭亚那和巴西）的特有物种。

全球热点地区

目前全球分类的生物多样性热点地区有36个：

- 在大洋洲大陆上有6个，包括澳大利亚西南部、澳大利亚东部森林、新喀里多尼亚、新西兰、东美拉尼西亚和波利尼西亚-密克罗尼西亚。

- 亚洲有10个热点地区（巽他古陆、华莱士地区、菲律宾群岛、印缅地区、中国西南山地、西高止山脉和斯里兰卡、伊朗-安纳托利亚地区、中亚山地、东喜马拉雅山地、日本），在这个大陆和上一个大陆之间，还必须加上一个位于两个大陆交界处的热点地区，该地区为两个大陆共有，即高加索地区。

- 欧洲只有1个热点地区，与非洲共有，即地中海的热点地区，它是世界第二大热点区域。

- 除上述地区以外，非洲大陆还有8个热点地区，它们是马达加斯加和印度洋岛屿、东非沿岸森林、西非几内亚森林、开普省植被带、肉质植物高原台地、马普托兰-蓬多兰-奥尔巴尼地区、东部赤道非洲山地和非洲之角（索马里半岛）。

- 南美洲有6个热点地区（赤道安第斯山、大西洋沿岸森林、通贝斯-乔科-马格达莱纳、巴西高原萨瓦纳植被带、巴西萨拉多生态区和智利巴尔迪维亚冬雨林），北美洲和中美洲有4个（加利福尼亚植被区系、马德雷松栎林、北美沿海平原和中美洲），此外还应加上加勒比群岛的1个。

生物多样性在世界各地的分布非常**不均匀**：例如，有些地区由于其环境特征，可以维持比其他地区更多的生命，从而扩大了更多物种居住其中的可能性。如果我们将**沙漠**或**极地**与**热带雨林**进行比较，这一点就很明显。前者中几乎没有任何生命，而后者中则有许多不同的物种。

有一些地区特别有利于进化产生不同的、独特的物种。例如，岛屿群或**群岛**就是这种情况。栖息在岛屿内的一个物种的种群往往与其他岛屿上的物种种群进化不同，而与大陆上的物种进化也不相同，因为它们各自繁殖，也不会交换基因，因此最终产生了其他地方没有的新物种（见第12页"进化，生命的关键"）。我们还应该知道，当一个物种只存在于世界的某一特定区域时，则称其为该地区的**特有物种**。生物丰富的地区往往特别适合人类居住，或者提供我们人类社会经常利用的资源。这导致许多这些高度生物多样性的地区现在已经遭受到重大的**生境损失**。这些兼具高度生物多样性和大量濒危物种的地区被视为**热点地区**。

如上所述，**衡量生物多样性**可能会存在困难。目前，将一个地区列为热点地区的标准是该地区必须至少有1500种地方特有的维管植物，即在世界任何其他地区都未自然出现的植物。此外，该地区必须已经失去至少70%的原始栖息地，也就是这些特有物种可以生存的地方。当然，所有这些并不意味着其他动物物种或群体不重要。选择植物的特有性作为标准是基于我们对实际问题的考虑。

什么是入侵物种？

入侵物种是指由于人类活动的作用（无论有意还是无意）而在其自然区域之外发现的物种。此外，生态系统中的这些物种还必须成为当地公害，产生了多种环境、经济和健康问题。

牛蛙（*Lithobates catesbeianus*）是世界上许多国家的外来入侵物种，它起源于北美东部。

在生物学中，**本地或本土物种**被称为生态系统中的原生物种。以地中海森林为例，我们会发现其中典型的物种有橡树或欧洲野兔。我们不应将这个术语与地方性物种相混淆，**地方性物种**指的是分布在一个专属区域的物种。伊比利亚猞猁就属于这种情况，因为它们只生活在伊比利亚半岛。

相对于这些类型，还存在其他引进**物种**或**外来物种**。此类别包括由于人类活动而出现在一个新区域的生物体。我们回到地中海生态系统的案例中，像虎皮鹦鹉这样外逃的鸟类应是外来物种的一个例子。这些动物中有许多无法在新的生态系统中生存，其中有些能够繁殖并建立小规模的种群，但在其他情况下，引入的物种可能会因其过度生长而对生态系统产生有害影响，这样的**物种**则被称为**入侵**物种。

作为一般规则，1500年以后引入的物种被认为是入侵物种。就西班牙而言，有些动物（如麝猫）是随着莫扎拉比文明出现的，甚至可能更早。这类动物群在西班牙被视为归化动物。但是，贸易的发展和日益全球化的社会发展增加了有害物种的引进数量。

入侵物种的起因可能是**有意或无意**的。在第一种情况（有意）下，有许多被视为**可供狩猎的物种**

狮子鱼和飓风安德鲁

1992年夏天，飓风安德鲁对美国佛罗里达的大部分地区造成了影响。它被认为是20世纪最具破坏性的飓风之一。除了经济和社会影响以外，人们认为，恶劣的天气是导致被作为宠物饲养的几对狮子鱼（*Pterois volitans*）被意外释放的原因。通过这种方式，一个原产于印度洋和太平洋的物种就能够到达大西洋水域，并在美国的珊瑚礁上大量繁殖。

目前，狮子鱼已经蔓延到美国东海岸的部分地区、加勒比海岛屿，甚至已经到达巴西海岸。由于它是一个贪婪的捕食者，人们担心它可能会对栖息在珊瑚礁中的动物产生影响。此外，由于它有毒刺保护，通常不会被鲨鱼等大型捕食者捕食。

长须狮子鱼

被引入以"丰富"当地动物群。美洲国家的鹿或野猪就是这种情况。第二种情况（无意）是由于意外释放，许多具有商业价值的动物和植物进入新的生态系统。在西班牙，用于毛皮行业的美国水貂就是如此，它们从被遗弃或烧毁的农场中逃逸出来。通过宠物贸易行业引进，如克拉玛依的鹦鹉，也是一个典型案例。但入侵物种也可以利用人类的基础设施或国际贸易进行传播。例如，许多海洋物种利用船舶的压舱水到达它们无法以自然方式进入的区域。入侵物种造成的**问题**多种多样且程度不同：

- **破坏了生态系统的稳定性**，这是最重要的环境问题之一。
- 根据一些调查，入侵物种甚至被认为是**物种灭绝的首要原因**。一个极具代表性的例子是葛藤，一种用于园艺种植的藤本植物。在美国，它已经蔓延到完全覆盖大片森林的地步。
- 还有由虎蚊等疾病传播物种引起的**健康问题**。
- 入侵物种的管理和各种影响带来了**很高的经济成本**，有时这种成本可能无法估量。

地中海森林中的入侵物种

由于物种的流动，在地中海示意图中，我们可以发现存在不同来源的物种。

本地物种，兔子和橡树 　　　　　　　　　　　地方性物种（也是本地物种），猞猁

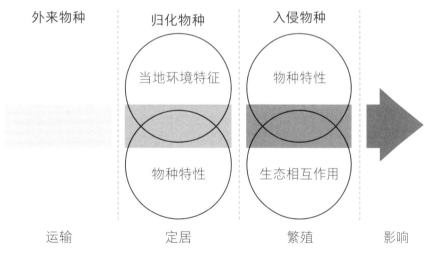

外来物种 　　归化物种 　　入侵物种

当地环境特征 　　物种特性

物种特性 　　生态相互作用

运输 　　定居 　　繁殖 　　影响

外来物种：虎皮鹦鹉 　　归化物种：麝猫 　　　入侵物种：桉树、克莱默鹦鹉和美国水貂

入侵物种与海洋环境

除了有意引进以外，入侵物种还可以通过各种途径，克服地理障碍，在其所在地区之外传播。就海洋环境而言，压舱水被认为是最常见的传播方式之一。

中华绒螯蟹（*Eriocheir sinensis*）是世界上最具侵略性的物种之一，从亚洲一直蔓延到欧洲。

所有类型的船舶都使用**压舱水**来确保其安全航行。如果船只在空载的情况下航行，则需要汲取一定量的水来保持其直立位置而不下沉，当船只到达目的地时，将排放压舱水以减轻重量及装载货物或乘客。这个系统调动了大量的海水，而这些海水通常来自出发港口，并在目的地排放。

多年以来，压舱水间接地帮助了世界各地港口的**物种传播**。其中一些可以被认为是入侵物种，因为一旦在港口定居，它们就会沿着大陆或岛屿的海岸线蔓延。让我们来看以下几个示例：

- **美国泥蟹**（*Rhithropanopeus harrisii*）：这是一种原产于美洲大西洋沿岸（从加拿大到墨西哥）的甲壳类动物。虽然这是一种海洋动物，但也可以生活在河口和淡水中。它们向与美洲有贸易往来的港口地区扩散，首次在

欧洲的荷兰被发现，它们从那里沿着整个北部大陆海岸蔓延。还出现在巴拿马运河的某些地方。1990年首次在西班牙出现，当时在瓜亚基尔沼泽地中捕获了几个样本。

- **中华绒螯蟹**是一个原产于东亚沿海和沿海河口的物种，从韩国到中国的福建省均有分布。这种甲壳类动物被列为世界上100种最

入侵物种如何利用压舱水？

压载水有助于安全航行，但它也成为引入入侵物种的一个重要途径。

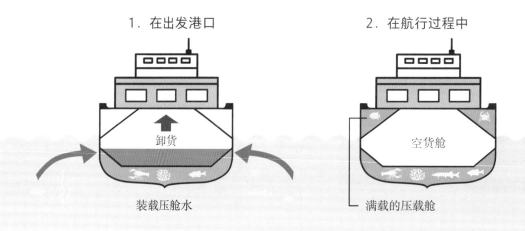

1. 在出发港口

卸货

装载压舱水

2. 在航行过程中

空货舱

满载的压载舱

具侵略性的物种之一。它于1912年抵达德
国，从那里沿着欧洲大西洋海岸传播。20世
纪80年代末，它出现在葡萄牙的塔古斯河
口，在1997～2002年，它还到达了西班牙的
瓜达尔基维尔河口。

入侵物种的另一种传播方式是**地理障碍的消
除**。这方面最典型的案例是**苏伊士运河**的开通。
1869年通航后，这条海上通道将地中海和红海连
接起来，就像自然连接一样。由于两海之间的水位
差异，海水流入地中海地区，使大量海洋动物迁移
到这里。截至目前，已有350多个物种在这里定居，
包括鱼类、甲壳类、软体动物、海星和水母。由于
海洋生态系统的保护条件较差，其中许多动物得以
在此繁衍生息，甚至成为一些渔场的主要海产。

总状蕨藻（*Caulerpa racemosa*）生长在中美洲加勒比海浅海海底。

然而，除了对环境产生各种影响之外，它们的
存在还**破坏了食物链的稳定**。狮子鱼和河豚等**有毒
物种**的出现也会造成经济问题，甚至会成为一个
健康问题。除了来自红海的动物群之外，**在地中
海的海洋生态系统中**，我们还发现其他物种，这
些物种是由压舱水携带而来，通过直布罗陀海峡
或其他来源进入。据统计，2012年，整个地中海
共有955个入侵物种。其中还包括藻类，如**杉叶蕨
藻**（*Caulerpa taxifolia*），它于1984年因摩纳哥水
族馆的废水排放被引入。它是一种生命力很强的生

物，能够利用渔网和锚传播，因为它能够通过小的
海藻碎片形成新的领地。自其到达以来，它已经蔓
延到整个地中海西部，并对包括动植物在内的本土
物种构成了威胁。这是由于它能够生长并覆盖整
个海床表面，与形成海草的植物竞争（见第112页
"海洋区域"专题）。1990年，总状蕨藻（*Caulerpa
racemosa*）抵达该地区。由于其具有更大的生长能
力，它可以与本地物种和杉叶蕨藻竞争。所有这些
入侵物种都利用地中海的环境退化来定居并扩展到
新的栖息地。

3. 在目的港口
装载
排放压舱水

4. 在航行过程中
货舱满载
空置的压载舱

第六次生物大灭绝

如果一个物种的所有个体都从地球上消失，该物种就会灭绝。物种灭绝是一种在自然界中不断发生的现象：这就是所谓的自然灭绝，由于不断的进化，新物种的诞生可以弥补这一点。然而，历史上也曾发生过大规模的灭绝，导致生物多样性大幅下降。

纵观地球上的生命历史，已经发生过**五次大灭绝**。这些全部与灾难性的历史事件有关，最著名的是**恐龙的消失**和**陨石撞击尤卡坦半岛**。这一事件发生在6500万年前，被称为**白垩纪大灭绝**，它导致70%的物种消失。在此之前，还发生了规模或大或小的四次灭绝：

- 最具破坏性的是二叠纪大灭绝（2.5亿年前），生物灭绝率高达96%。
- 规模仅次于二叠纪大灭绝的是奥陶纪大灭绝（4.39亿年前），在这次事件中，85%的物种消失。
- 在三叠纪大灭绝（2.1亿年前）中，这次事件导致76%的物种销声匿迹。
- 泥盆纪大灭绝（3.67亿年前），导致70%的物种彻底消失。

目前，人类可能正在经历**第六次大灭绝**。据估计，过去6000万年的自然灭绝率是每年每百万个物种中有0.1个物种灭绝。然而，自从人类出现以来，特别是工业革命以来，这一数字已经上升到每年每百万个物种中有100个物种灭绝。这就是为什么我们说人类可能正在经历第六次大灭绝的原因。

这些物种灭绝的主要原因，首先是**栖息地被破坏**，其次是**入侵物种**（见第38页"什么是入侵物种？"），而岛屿特别容易受到第二种原因的威胁。猫就是一个代表性的例子。有史以来，它们一直作为家畜陪伴着我们，然而，当它们被引入原本没有猫的地方时，就导致了许多物种的消失，这些物种以前从未与类似的捕食者生活在一起，因此对它们毫无抵抗力。2016年的一项研究估计，至少有63起灭绝事件是由于猫造成的，其中包括40种鸟类、21

灭绝的时间线

地球上已经发生的五次大灭绝的时间线。我们是否正在面临第六次大灭绝？

奥陶纪大灭绝（4.39亿年前），85%的物种消失，当时这些物种集中在海洋中，属于海洋动物。由于大气中缺氧，这个时期还没有陆地动物。

泥盆纪大灭绝（3.67亿年前），70%的物种消失。三叶虫在这次灭绝中消亡了。其主要原因是海平面变化、小行星撞击和气候变化。

三叠纪大灭绝（2.1亿年前），76%的物种消失。这次事件的原因是火山爆发和地球温度的上升。只有3种祖龙幸存下来，其中包括鳄鱼的祖先。

越南葛藤（*Pueraria montana*），一种原产于亚洲的攀缘植物，作为入侵物种完全占领了森林。

由于非法狩猎者获取象牙进行贩卖，大象受到的威胁十分严重。

种哺乳动物和2种爬行动物。如果再加上那些没有灭绝但受到威胁的物种，共有430个物种。老鼠是我们的交通工具中常见的偷渡者，它们也跟随我们来到世界各地，并会影响到大约420个物种，其中75个已经灭绝。引进物种可以成为入侵物种从而造成威胁的方式之一是**杂交**。其中一个例子是起源于北美的棕硬尾鸭（*Oxyura jamaicensis*），它们在20世纪50年代被引入欧洲。在欧洲大陆中生活着另一种与之非常相似的物种——白头硬尾鸭（*Oxyura leucocephala*），除了被它们的美洲亲戚从其栖息地赶走之外，还与它们杂交繁殖，产生了多产的杂交品种，因此，濒危物种的遗传特性因与正在扩张的物种杂交而减弱。

不受控制的狩猎行为是对动物物种的主要威胁之一。最著名的案例之一是北美旅鸽（*Ectopistes migratorius*）。这种曾居住在北美洲的鸟，其鸟群数量曾经达到数百万。由于它们的数量众多且易于

捕获，欧洲定居者对这个物种进行了疯狂捕杀，以至于为保护它们所做的努力均无济于事，旅鸽最终还是灭绝了。1914年9月1日，最后一只人工饲养的名叫"玛莎"的旅鸽在美国辛辛那提动物园死去。狩猎往往与**物种贩运**有关。在一些情况下，活体标本被贩卖的目的是作为宠物或在不正规的动物园和表演中非法使用。当它们被视为奢侈品时（如象牙或虎皮），或因迷信或被认为具有治疗作用时，其身体部位的交易也十分常见（如犀牛角）。穿山甲是犰狳的近亲，是被贩卖最多的哺乳动物，这使得这个物种濒临灭绝。植物同样也是受害者：容水沉香（*Aquilaria malaccensis*）就是这种情况，这一亚洲树种因其栖息地的减少而严重濒临灭绝，但同时也因为它是一种树脂的重要来源，这种树脂非常珍贵，用于生产沉香和香水。当一个物种的数量大大减少时，有时直到其灭绝发生之前都极难恢复。

白垩纪大灭绝（6500万年前），70%的物种消失。这次灭绝事件是最著名的，因为它导致了恐龙的消失，其原因可能是由于一颗大型小行星对地球的撞击。

二叠纪大灭绝（2.5亿年前），96%的物种消失。它是所有灭绝事件中最具破坏性的，其原因是所谓的"火山大灾难"和熔岩产生的温室气体。

世界自然保护联盟（IUCN）的分类

世界自然保护联盟（IUCN）是一个专注于保护物种和自然资源的组织。通过该组织开展的工作，我们对动物、植物和真菌的保护状况进行了编目。每年，世界自然保护联盟都会公布一份濒危物种的**红色名录**。在2019年，有28338个物种被列为受威胁物种，相比2018年增加了6%。其中6127种为极度濒危物种，即已经非常接近灭绝。

世界自然保护联盟编目是依据不同的数据编制的，如种群状况或地理范围。通过这些记录，我们可以对该物种的状况有一个总体了解。该组织定义了9个类别。

NE——未评估状态。

DD——数据缺乏。

低灭绝风险：

LC——无危。

NT——近危。

受威胁：

VU——易危。

EN——濒危。

CR——极危。

EW——野外灭绝。

EX——绝灭。

DD：阿尔及利亚石龙子
（*Eumeces algeriensis*）

LC：巨柱仙人掌（*Carnegiea gigantea*）

NT：美洲豹（*Panthera onca*）

VU：蓝鳍金枪鱼（*Thunnus orientalis*）

EN：长叶松（*Pinus palustris*）

CR：无刺泽米铁（*Zamia inermis*）

CR：拿骚石斑鱼（*Epinephelus striatus*）

EW：大卫神父鹿（*Elaphurus davidianus*）

EX：袋狼（*Thylacinus cynocephalus*）

圈养繁殖

作为保护物种的工具，圈养繁殖和圈养哺育的过程包括对具有巨大遗传变异性的雄性和雌性进行配对，对其进行监督至新个体出生，被重新引入其栖息地后，进行标本鉴定和监测至其死亡。其目的是建立稳定的群体，加强对濒危物种的拯救。

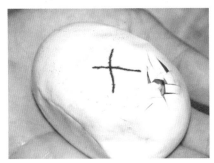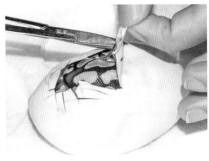

皇蟒或球蟒（*Python regius*）的圈养繁殖过程

一方面，由于它们更为罕见，该种群中的个体可能更难找到配偶。另一方面，将出现所谓的"**遗传侵蚀**"，即遗传生物多样性的丧失（见第34页"什么是生物多样性？"），这将导致种群适应能力的降低，并增加近亲繁殖和新个体患有先天性疾病的可能性。在这些情况下，有时可以通过**圈养繁殖**计划来拯救该物种，但不一定能确保成功。

不幸的是，灭绝的物种实际上是不可能恢复的。2014年，《科学》杂志发表了几项关于第六次大灭绝的研究，强调了我们所面临的严重问题。其中着重指出的一点就是，自1500年以来，322个脊椎动物物种已经消失，这可能导致一种被称为"**毁动物群**"的现象。这个术语指的是由于人类行为而导致的动物生态功能的丧失。例如，在消灭某些类型的鸟类时，这种偷猎行为剥夺了它们作为传粉者或种子传播者对植物的基本作用。

保护生态学

生态系统和生物多样性所面临的威胁推动了**保护生物学**学科的发展，该学科一直在开发多种工具，试图更好地保护生态系统和栖息地的物种。

在保护计划中，通常使用例如"**伞形物种**"之类的工具。由于在技术上不可能为每一个物种制订计划，有时需要确定一些须广泛分布、对生境改变特别敏感的物种。保护这些物种必须保护它们所栖息的生态系统，并以间接方式保护属于同一群落的其他物种。通常这些物种是食肉动物，如熊或鸟。

"**旗舰物种**"是另一个用于保护的工具。由于濒危物种通常与人类共享空间，而保护它们往往需要资金投入，因此社会的普遍认可是保护计划成功的必要条件。旗舰物种是指具有广泛号召力和深受公众喜爱的物种，在号召和获得公众支持方面很有帮助。这些通常是哺乳动物，如伊比利亚猞猁、熊猫或红毛猩猩。相比之下，蜗牛、昆虫或两栖动物很难成为旗舰物种。

非法贸易的影响

包括动物和植物在内的物种非法贩运是一种跨国犯罪。这些物种通常是稀有的，随着人类对其的需求量越来越大，非法贩运的规模和影响已严重危及濒危动物的生存，许多国家的野生动物已灭绝或濒临灭绝，生态系统也遭到破坏。

非法贸易和偷猎是导致大量物种和亚种减少和灭绝的原因。出售犀牛角、象牙或鱼翅的经济利润，对许多国家采取的保护和养护措施构成了巨大挑战。

犀牛

过去，**爪哇犀牛**的栖息地从爪哇岛和苏门答腊岛跨越东南亚延伸到印度和中国。然而，今天，其最大的种群是位于印度尼西亚爪哇岛上的乌戎库隆国家公园，而那里也仅有不到60头。

非洲大象的数量正在减少，造成这种现象的部分原因是象牙的非法贸易。

这种动物的**衰减**是由几个原因造成的。以前人类通过猎杀爪哇犀牛获取犀牛皮，用来为士兵制作盔甲。自欧洲人抵达该地区以来，这一物种还因农业、战利品狩猎以及越南战争而丧失栖息地。由于这些原因，1975年，它被列入《**濒危野生动植物种国际贸易公约**》（CITES）监管的物种名单。如今因

爪哇犀牛

目前世界上尚存的犀牛共有5种。包括非洲的白犀牛（*Ceratotherium simum*）和黑犀牛（*Diceros bicornis*）、亚洲的印度犀牛（*Rhinoceros unicornis*）、苏门答腊犀牛（*Dicerorhinus sumatrensis*）和爪哇犀牛（*Rhinoceros sondaicus*）。后者已知有3个亚种，其中只有1个幸存下来：

- 首先消失的是**爪哇犀牛印度亚种**（*Rhinoceros sondaicus inermes*），这一物种曾在印度被发现。
- **越南爪哇犀牛**（*Rhinoceros sondaicus annamiticus*）亚种到1988年也被认为已经灭绝。1988年，在越南吉仙国家公园发现了一个约有12头的种群。尽管人们试图保护它们，但在2010年发现了这一群体最后一个标本的遗骸（因其角而被射杀）。因此，世界自然基金会等各种保护组织认为该亚种已灭绝。
- 因此，目前只剩下一个亚种，即发现于乌戎库隆国家公园的**印度尼西亚爪哇犀牛**（*Rhinoceros sondaicus sondaicus*）。

尼泊尔拯救犀牛基金会的海报，其中写道："我的角不是药"，以提高狩猎者对犀牛灭绝的认识。

从地图（此图系原书插图）中我们可以看到爪哇犀牛过去和现在分布的生境差异。

乌戎库隆国家公园

🔲 爪哇犀牛过去分布 ■ 爪哇犀牛现在分布

爪哇犀牛大部分种群都集中在乌戎库隆国家公园内。

犀牛角贸易而进行的偷猎活动已导致其被列为极度濒危物种。

　　爪哇犀牛数量的锐减是人类错误地认为犀牛角具有治疗作用而造成的。今天，所有的犀牛物种和亚种都因为这个原因而濒临灭绝。在某些情况下，亚洲犀牛角在黑市上被卖到3万美元/千克。偷猎行为甚至已经在动物园里出现了。2017年，生活在巴黎杜里（Thoiry）动物园的4岁白犀牛文斯被杀。盗贼闯入围栏，结束了它的生命并夺走了犀牛角。这导致世界各地的其他动物园从园内犀牛身上取下了犀牛角，以防止再次出现这种悲剧。

　　为了结束这种情况，各地政府和机构已经实施各种解决方案，如重新安置犀牛种群或圈养繁殖。北方白犀牛（*Ceratotherium simum cottoni*）的情况就是如此，它被认为是一个功能性灭绝的亚种，因为地球上只剩下两只这种类型的雌性动物。2018年，有消息称，一个国际科学家团队利用南方白犀牛（*Ceratotherium simum simum*）的卵子和北方白犀牛的精子（取自已故雄性白犀牛的冷冻精液）成功培养了杂交胚胎。这些胚胎植入代孕母犀牛体内后，有很好的机会建立妊娠。下一步将从最后两头雌性北方白犀牛体内收集卵子，并培养出纯种胚胎。

非洲大象

　　1989年《濒危野生动植物种国际贸易公约》（CITES）成员国批准了一项禁止在全球范围内进行**象牙**贸易的禁令。然而，一些非洲国家被允许出售其库存。这项规定为非法贸易提供了便利，他们利用贪污腐败继续猎杀大象，并用伪造的文件出售象牙。

　　2007年情况进一步恶化，CITES成员国举行的

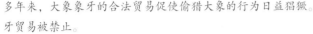

多年来，大象象牙的合法贸易促使偷猎大象的行为日益猖獗。象牙贸易被禁止。

由于大象数量的减少，在CITES成员国之间达成协议后，象牙贸易被禁止。

新会议批准了一项为期9年的出售博茨瓦纳、纳米比亚、南非和津巴布韦库存象牙的决议。这些国家还被允许出售自然死亡大象的象牙。

合法象牙贸易市场的存在使**偷猎者**能够利用这一途径处理来自非洲大陆各地的象牙，这些象牙最终进入亚洲的黑市。例如，2012年，在一次突击检查中，斯里兰卡政府缴获了359根象牙，约1.5吨，这些象牙在黑市上的售价为270万美元。为了树立榜样和提高公众意识，当局用粉碎机将其销毁。其他国家，如肯尼亚，选择了烧毁这些象牙。

幸运的是，允许销售象牙库存的规定在2016年结束。然而，大象的数量已经受到严重影响。根据PNAS杂志上发布的一项研究，2010～2012年，偷猎造成7%的非洲大象死亡。据估计，世界上仅剩下42万～65万头大象。

海洋物种

目前，绝大多数的**鲨鱼**物种正由于各种原因而受到威胁。其中包括对鲨鱼及其猎物的过度捕捞，以及渔网意外捕获（见第120页"捕鱼业与过度捕捞"和第122页"幽灵捕鱼"）。但其中最严重的可能是**割鳍**，即将鲨鱼的鳍割下以进行销售。

割鳍后，鲨鱼的身体被丢弃到海里，有时这些动物继续存活，最终窒息而死。这是因为鲨鱼肉通常不被食用，价格低至0.85美元/千克，而鲨鱼鳍的售价通常为650美元/千克左右，但其价格取决于物种。如果是鲸鲨的胸鳍，可以卖到2万美元/千克。而姥鲨（tiburón peregrino）胸鳍的价格约5万美元/千克。

幸运的是，这种行为正越来越多地被起诉，欧盟于2013年禁止在所属水域贩运鲨鱼及其他濒危物

左图显示的是为捕鲨而进行的非法航行活动。中间是印度尼西亚巴厘岛的一条常见鲸鲨（*Rhincodon typus*）的头部，表明该物种无论大小都被过度捕捞以获得鱼鳍。右图是非法捕捞或捕获的鲨鱼鳍。

种。对这些动物的保护也一直在加强，2019年《濒危野生动植物种国际贸易公约》列出了一些物种，如鲭鲨，因其鱼鳍贸易，这种动物正在减少。

一群成年长颈鹿在非洲广阔的平原上奔跑。

保护技术

　　过去的森林警察和护林员以传统方式完成保护工作，困难重重。他们必须徒步或骑在马匹等动物的背上巡视覆盖数千公顷的保护区，以阻止偷猎者造成的严重影响和持续威胁。如今有许多国家，如尼泊尔，已经使用了保护无人机，这种无人机配备了摄像机或照相机，可以跟踪地面上的动物，还可以在森林边缘飞行，监测偷猎者或试图非法进入森林的人员。

　　同时，热成像仪的应用已进入试验阶段。这些设备可以探测到发热物体，所以它们对探测夜间偷猎者或营火非常有用。这是一项新的技术，如果设计与使用得当，相关研究及保护规则将会发生变化。

什么是亚种？

　　在生物学中，亚种被定义为一个物种的种群可以被分成的群体。要被列为亚种，必须在形态和遗传特征上有明显的差异，但又不至于明显到须定义一个新的物种。在命名亚种时，将在它们的学名中添加第三个词。例如，爪哇犀牛被命名为 *Rhinoceros sondaicus*，其中包括亚种 *Rhinoceros sondaicus annamiticus*，这个名字来自东南亚的安南（Annamite）山脉，这里是它们生活的地方之一。

　　在某些情况下，如果亚种之间的生殖隔离长期存在，则可能演化成不同的物种。

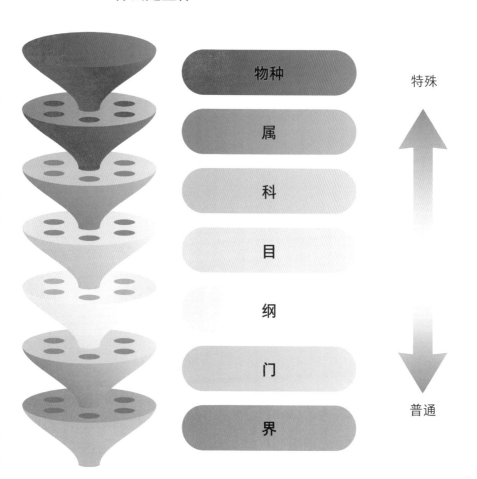

物种

属

科

目

纲

门

界

特殊

普通

生境破坏和物种灭绝

随着人口的增加，需要更多的空间来满足人类社会的需求。这对生态系统具有直接影响。为了建立城市中心或农田，物种的栖息地遭到破坏。栖息地的破坏被认为是当今物种灭绝的主要原因。

全球人口已经超过70亿。这意味着我们人类社会所需结构的扩展：种植作物和饲养牲畜的土地、采矿区、城市中心的建设等。根据相关研究，**人类活动**以某种方式改变了75%的无冰土地，城市或农村地区将延伸到这些地区。所有这些活动都会导致**资源和能源的消耗**，最终对生态系统产生影响。这样一来，许多物种的栖息地被改变或直接遭到破坏。

栖息地的破坏被认为是物种灭绝的主要原因。对生态系统的任何影响都可以被视为破坏稳定的因素。与自然灾害的影响（例如某些火灾或飓风）相比，人类活动的影响深远。广为人知的例子是**森林砍伐**（见第86页"毁林概述"）或涉及**石油泄漏**的事故（见第130页"海洋石油污染"）。

停放木材的卡车上堆满了松木，旁边还有无数从附近森林里刚刚砍伐的原木。

此外，人类活动的影响还可以以间接的方式对栖息地产生影响。以巴西瓦图芒（Uatumá）河上的巴尔比纳（Balbina）大坝建设为例，大坝建成后形成了一个大型水库。这个水库将大片雨林变成一片水域，该水域拥有一个由3000多个岛屿组成的人工群岛。因此，这些原始生态系统的小块区域已经失去一些生物多样性。这就是所谓的**生境破碎化**，它导致了许多物种的消失。

有趣的是，为了理解生境破碎化的影响，我们必须了解岛屿上生物多样性的一个特性。20世纪60年代，一些研究表明，岛屿上的物种数量似乎随着时间的推移保持不变。换句话说，虽然某个时间点物种或是减少或是增加，但物种数量似乎总是趋于一个特定的数字。由于对这一现象的研究，出现了**岛屿生物地理学**，它提供了基于两个因素的解释：岛屿与大陆的距离和岛屿的大小。两者均通过以下方式发挥作用：第一，与大陆的距离越近，物种就越多。这意味着靠近大陆的岛屿拥有更多的物种，因为动物迁移到这些岛屿更加容易。第二，岛屿越大，物种的数量就越多。这是因为面积更大的岛屿具有更多的生态位和资源，能够允许更多的物种存在。

巴西帕拉州的某个金矿区，位于亚马孙雨林地区。

如果我们从岛屿生物地理学角度来分析巴尔比纳大坝的情况，那就可以理解为什么会发生灭绝。大型脊椎动物物种，如美洲虎或树懒，需要大面积的林地。大坝将森林变成了这些动物无法生存的区域。此外，幸存的物种将面临另一个严重问题。如果人工岛屿距离其他林区或"大陆"（未发生生境破碎化的地区）太远，新个体的到来则不太可能发生，这将导致近亲繁殖，并有可能最终导致种群的消失。

生境破碎化的类型

影响物种的破碎化

当公路、铁路等建成后，就会发生将物种各群体分开或分离并改变了原有结构的破碎化。由于受到"边缘效应"的影响，动物物种面临着灭绝或其规模显著减少的危险。

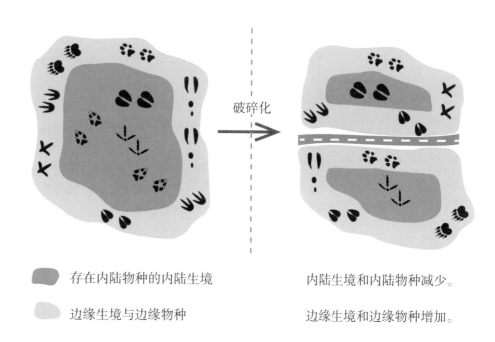

破碎化

存在内陆物种的内陆生境

边缘生境与边缘物种

内陆生境和内陆物种减少。

边缘生境和边缘物种增加。

影响景观的破碎化

这种类型的破碎化是农业或畜牧业用地扩张的典型案例。该地区的森林被逐渐砍伐，导致景观彻底改变，并带来了负面的后果，如生物损失。

原生境　　　　破碎的生境

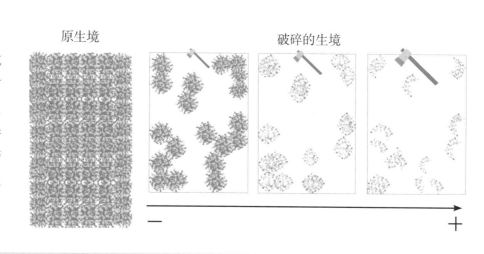

－　　　　＋

气候

气候对生态系统的存在具有重要意义。它因地区而异，在地球的历史上一直在变化。了解气候对于理解在不同地点和不同时间观察到的生命变化是至关重要的。

美国国家航空航天局（NASA）的照片为我们展示了太阳在大西洋和毛里塔尼亚上空的强光。

许多人经常将气候与天气混淆。这两个概念具有相关性，但它们是不同的。**气象学上的天气**指的是在特定时间、特定日期或几天内受大气状态影响的各种气象变化，如降水、温度、湿度、云量、气压……**气候**是由天气的统计数据决定的，即根据这些变量（特别是温度和降水）在多年甚至几十年内的数值所得到的概括性气象情况。因此，在我们的城市，今年5月的天气是寒冷而干燥的，没有下雨；但如果我们查看过去20年内每年5月的天气，我们会发现它通常是一个炎热而潮湿的月份。这个数据指的是气候。

气候系统主要由来自**太阳的能量**提供动力，地球表面因各种原因而变暖。由于地球基本是球形的，各地接收不同量的辐射。根据地区的性质，不同地区会吸收或多或少的辐射而影响温度。例如，在接收的能量数量相等的情况下，陆地比海洋的温度更高，森林等深色地带则会吸收更多辐射，冰川等浅色地带则反射辐射，等等。然而，**热力学定律**表明，物体中的热量是均匀分布的，通过这种方式，能量通过地球的流体层（大气和海洋），以海流和风的形式从一个区域转移到另一个区域。此外，太阳辐射导致液态水的蒸发，液态水则被大气流从一个地方转移到另一个地方，从而也促进了水循环。

虽然有许多不同的因素对气候产生影响，并且这些因素之间存在着不同的反馈机制（见第20页"生态系统的调节"），但气候学家已经能够以合理的精度对其进行建模。由于掌握了控制气候的物理学知识，气候学家设计了模拟地球气候的计算机程序（模型），就像在计算机中运行的**虚拟模型**一样。虽然我们无法知晓未来气候演变的情况，但通过这些模型，我们可以对各种**情况**进行研究。例如，科学家们可以提出我们继续增加二氧化碳排放、减少二氧化碳排放以及保持原状的情况。其他因素（如森林砍伐）也可以在模型中加以考虑。在每一种情况下，虚拟模型都会以不同的方式演变，使我们能够根据事件的进程来估计气候可能发生的情况。

气候存在许多类型和亚型，每一种类型都将决定能够在其中发展的生物群区（见第56页"植物对气候的适应性"）。由于以下几个因素，不同地区的气候会有所不同：

- 由于地球的球形度及其倾角，**纬度**会影响全年的日照时间和一天中的日照变化。
- 温度随着**海拔**的升高而下降，并且在靠近海岸的地区，由于海洋缓冲了极端的温度变化，因此那里的气候较为温和。
- **地理特征**的位置也很重要：例如，由于携带云和雨的气流循环，山脉可以产生局部变化。
- **大片森林**的存在可以促进水循环，使这些地区更加湿润，而缺乏森林则会加剧干旱。

气象图

温度和降水是科学家用来绘制**气象图**的两个变量，气象图是显示特定地区一年内每个月的平均温度和降水量的图表。根据这些变量在图上的分布方式，我们将讨论多种气候：

- **地中海式气候**，其特点是夏季炎热，降水量很小，而冬季温和，降水量很大。
- **海洋性气候**，其特点是全年气温变化温和，降水量恒定。
- **季风气候**，夏季高温多雨，冬季寒冷干燥。

地中海式气候

海洋性气候

季风气候

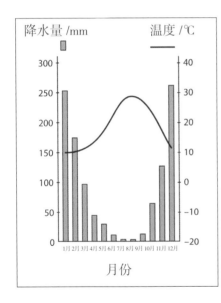

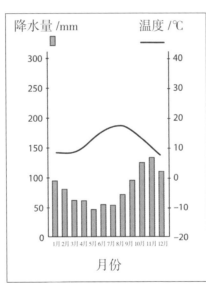

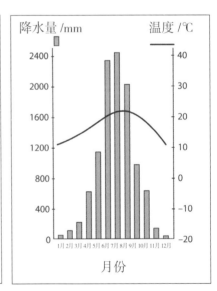

所有这些信息和因素都表明，尽管在较大区域内的气候类型通常较为复杂，但有时在较小区域内也会有明显的差异。例如，在相同的气候条件下，山区和其他地区的条件会有差异，这将顺理成章地影响每个地区的生态系统和生物多样性。

过去的气候

在纪录片、杂志和书籍中，我们经常可以看到关于人类历史上短暂的寒冷或温暖天气的记载，例如，最后一次冰河期（大约1万年前结束）或恐龙享受的温暖气候。但是，在温度计和雨量计出现并记录气候测量值之前，人们如何知道过去的气候是什么样的呢？

储存和比较全球气候数据，以预测未来的情况。

了解过去的气候有助于我们了解生命和地球物种的历史，此外还有必要了解**气候系统如何运作**，并预测**未来的情况**及其可能的后果。由于气候是"天气统计"，因此有必要对气象信息进行长期的连续记录，我们将其称为**数据序列**。有些序列甚至可以追溯到18世纪，当时哈德逊湾公司垄断了加拿大哈德逊湾周边地区的毛皮贸易，在其工厂和中心记录了详细的气象数据，这些数据一直保存至今。在西班牙，早在1850年气象站就有持续的气象记录。还有其他历史资料提供相关信息：例如，船舶航行日志通常包含与风和其他气候变量有关的记录。

然而，在人类历史的大部分时间里，甚至在地球历史的其余时段，我们都没有持续的记录进行气候重建。当这种情况发生时，科学家们则转向对古气候**代用指标**的分析。这些记录自发地储存在耐用的自然材料中，这些材料在形成时会因受到气候的影响而留下痕迹。

古气候代用指标的例子有树木的年轮，对冰川冰的研究，从湖泊和海洋沉积物中提取的证据（可积累数千年），对化石、珊瑚的研究等。所有这些都提供了或多或少的近似信息，科学家们将这些信息进行比较和汇总，以进行所谓的气候重建，这对于了解过去和预测未来的气候是非常必要的。

树木生长环是**树轮年代学**的研究对象。生活在季节性气候地区的树木不会持续不变地生长，但在不适合生长的季节（由于寒冷或干旱，视情况而定），它们会减慢或停止其生命活动，并在有利

左图显示了用于气候学和生态学研究的树轮年代学树芯。在中间的图片中，我们可以看到沉积物中三叶虫化石的印记。右图显示了来自西班牙阿尔梅里亚卡波德加塔自然公园罗达尔基拉尔海滩的第三纪沉积物、砂岩、钙化石、中生代海藻灰岩和中生代礁石的化石。

古气候指标

存储在坚固的自然材料中的记录，这些材料在形成时会受到天气的影响。

树木生长环

冰川冰

湖泊和海洋的沉积物

于生长的季节恢复。这样，每年都会在前一层的基础上形成新的木层，因此，在树干的横截面上可以看到同心的生长环。树轮年代学家可以通过测量不同生长环的厚度来估计这一年是干旱更多还是下雨更多，或者是温暖更多还是寒冷更多，假设在特别有利于生长的年份，树木生长幅度会比不利的年份大。当科学家希望对一棵活着的树进行研究时，为了避免砍伐树木，他们通过将一个管状钻头插入树干来提取树芯，然后对留在管内的圆柱形木头进行抛光，就可以对生长环进行测量。此外，还有必要事先研究树木生长环所属的树种对气候的反应，因为并非所有的树种都以同样的方式受到影响。

对**冰川冰**的研究也可以提供有价值的信息。研究冰川冰的方式与研究树木类似，科学家们提取冰芯，对不同时期形成的冰进行分析，冰芯越深，其形成的年代越古老。在冰形成的过程中，气泡被包裹其中，其成分将为我们提供有关当时大气和冰层形成温度的线索。

我们还可以从**湖泊和海洋的沉积物**中提取岩心，这些沉积物可以积累数千年。在可能隐藏在沉积物中的各种遗迹中，过去植被的**花粉粒**对于**生物地理学**研究尤为重要，同时也可以帮助我们对气候进行估计，因为某些物种的存在可以表明特定的气候条件。小型微生物（如有孔虫或硅藻）的外壳遗迹也是如此。对这些物质的化学分析提供了有关其形成时的温度和水中溶解的气体的线索。

树木的生长环

树轮年代学来自希腊语的 *dendron*（"树"）和 *cronos*（"时间"）。一棵树的树干中每年形成的年轮告诉我们树的年龄及其气候学历史。像红豆杉这样的树木因此成了历史的真实见证者。

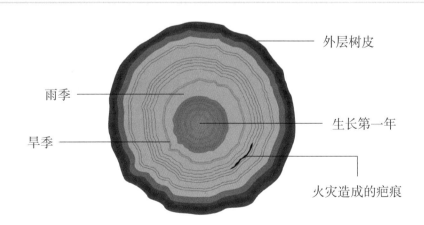

外层树皮

雨季

旱季

生长第一年

火灾造成的疤痕

植物对气候的适应性

生物地理学家对生物在世界范围内的分布方式进行了研究。他们经观察发现，不同类型的生态系统可以被划分为大群，该大群称为生物群区，其特点是植被结构相似及区内生物对物理环境均有适应能力。

热带雨林的特点是森林茂密，附生植物丰富，是生物多样性最丰富的生物群区之一。

植物特别容易受到其居住地的气候条件的影响，但如果这些条件发生变化，它们却没有迁移的可能。因此，植物必须提高其适应能力，使其能够在环境中持续生存。这意味着不同类型的气候和在其中发育的植被之间存在着巨大一致性，这反过来又对生态系统的配置产生了重大影响，其原因主要有以下两点：

- 植物处于陆地生态系统营养金字塔的底层。
- 植物在生态系统结构方面发挥着重要作用，这些生态系统结构对其他生物生命产生重要影响。一个非常明显的例子是森林，树木本身就产生了不同的环境（位于地面上的部分，即树下灌木丛；位于树枝高处的部分，即树冠），而这些环境又与灌木丛或大草原中的环境不同。

生物群区一词用于指代以某种类型的植被为主导的一组群落，这些植被延伸到具有某种气候的地理区域。目前对生物群区的分类有多种建议，这里我们简要地讨论主要的建议：

- 热带雨林位于赤道地区，这里全年气候相对稳定，炎热而潮湿，没有季节性变化。为由大树组成的茂密森林的生存和发展提供了有利条件。由于光照不足，树下灌木丛贫瘠，但有大量的附生植物，即生活在树上的植物。这些地区从未受到冰川的影响，因此在冰川遍布全球大部分地区的时代，它们成为许多物种的避难所。
- 与热带雨林相邻的是稀树草原，以草本植物为主，大树生长稀疏，如猴面包树或各种合欢树。它们在雨季和旱季的温暖气候中生长，而火灾往往是其自然动态的一部分。有时它们也是森林被砍伐的结果。在这些生物群区中发现的许多树木都是落叶树，在旱季叶子会脱落，这种适应性使它们能够进入休眠状态，直到雨季来临。
- 沙漠是极端干旱的地区，每天温度波动很大，土壤非常贫瘠。对沙漠环境具有适应性的植物，主要有短命植物和耐旱植物。前者

西班牙蒙特霍·德拉谢拉（Montejo de la Sierra）秋季的山毛榉公路，是典型的温带落叶林生物群区的例子。

以种子的形式保持休眠状态，直到稀少的雨水降临，这时它们会利用短暂的时间，在有水时发育和繁殖。后者有不同的节水策略；例如，它们有表皮很厚的小叶子，或有适应积水的根和茎，仙人掌就是这样，它甚至不长叶子，而把叶子变成了刺，并通过茎进行光合作用。

- **地中海**气候的特点是**夏季干燥，冬季潮湿**，这种气候主要出现在地中海国家，但也存在于在澳大利亚、智利、南非和美国加利福尼亚州的部分地区。在有水时候，温度是不利于植被生长的，而当温度有利时，就会出现缺水的情况。在这种情况下，**硬叶植物**也成功地主宰了景观，但由于这里的条件远不如沙漠极端，因此可以发展出另一种生物群区：**灌木丛**和**硬叶林**。

与稀树草原的情况一样，地中海生态系统有时会与火灾共存，这是因为这里存在干旱和炎热的季节，在此期间发生火灾的可能性增加。许多物种已经形成了适应性，例如能够在地下生存，然后迅速重新发芽，或者通过火的热量释放和散播种子，如阿勒颇松（*Pinus halepensis*）。据说这些物种是亲热性的。

- **草原**是覆盖着耐旱植被的半干旱土地，其中的植被主要是草本植物。与其他生物群区相比，其生物多样性较低，并且树木稀少，这

主要生物群区

气候与土壤共同决定了一个地带可以生长的植被类型，因此，随着这一因素的变化，不同的纬度分布着不同的生物群区。由于气候随海拔高度而变化，因此人们可以在山区集中观察到生物群区的变化。

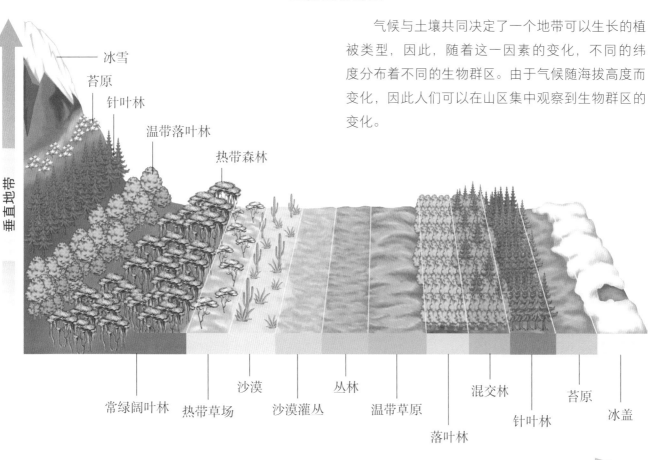

冰雪
苔原
针叶林
温带落叶林
热带森林

垂直地带

常绿阔叶林　热带草场　沙漠　沙漠灌丛　丛林　温带草原　落叶林　混交林　针叶林　苔原　冰盖

纬度地带

可能是由于多种因素造成的：可用的水很少，经常发生火灾，或者这些植物很难在密集的草本植物根系网络中扎根。在这些"草海"中，比较著名的是阿根廷的潘帕斯草原；北美大草原，广阔的野牛狩猎场；或者游牧的匈奴人或蒙古人起源的亚洲大草原。

- **落叶林**主要分布在北半球大陆的**湿润大陆性气候**和**海洋性气候**区，但在南锥体（南美洲处于南回归线以南地区）和大洋洲也有分布。这种气候没有旱季，但有**寒冷的冬天**，树木通过落叶和停止其生命活动来适应这种气候，直到有利于生长的季节到来。一些重要的物种是橡树、山毛榉和枫树。树下灌木丛植物在春天开花和繁殖，因为在夏天，树木的叶子创造了一个阴凉的环境，使那些需要更多光线的物种难以生存。秋天树叶落下，加上温度还不是很低，环境潮湿，有利于真菌的繁殖。

- 与北部落叶林和大草原接壤的是**北方森林**，也被称为**针叶林**，这是一套庞大的森林结构，它横跨欧亚大陆北部和北美洲，而在南半球则不存在，这可能是由于它们生长的纬度在这里被海洋占据。这些地区**非常寒冷**，这决定了主要的物种是**针叶树**，如松树和冷杉。它们属于**裸子植物**群，比开花和结果的被子植物更加原始，由于各种适应性，它们已在地球上大多数陆地生态系统中盛行。它们最明显的区别之一是，裸子植物通过称为管胞的非常细的管道运输其树液，被子植物有更宽的管道，其效率比管胞高得多。然而，在非常寒冷的气候条件下，植物的树液在冬季会冻结，当植物解冻时，会在其中形成气泡，从而中断树液的流动。这被称为空化现象，而裸子植物不会遇到这个问题，因为空化现象很难在管胞中发生，这使得针叶树能够成为非常寒冷地区（如高山或北方森林占据的地区）的王者。这些生物群区中的树木的其他适应性是：**针状叶子**可抵抗冰

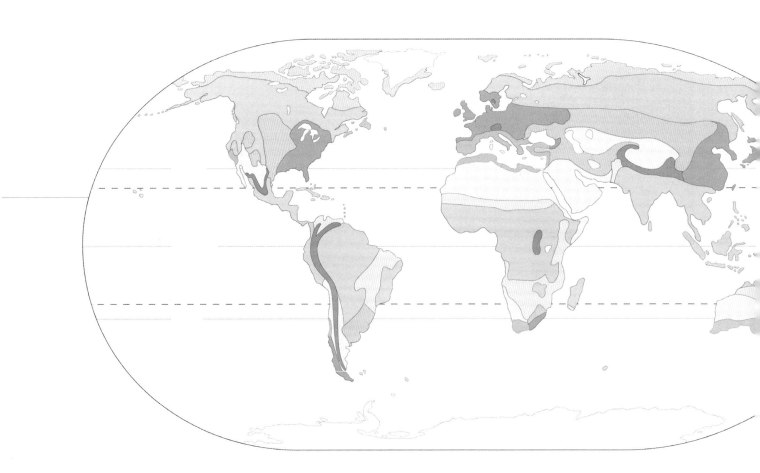

冻，叶绿素浓度高（因此颜色浓绿），以利用这些纬度地区稀缺的阳光；树枝的排列使树木呈锥状，以更好地承受积雪的重量。

- 再往北，在**极地**周围，由于条件过于极端，森林系统无法发展。这里降水稀少，温度很低，地面终年结冰，被称为**永久冻土**。在这些地区，只有小灌木、草本植物、地衣和苔藓可以生长。这就是所谓的**苔原**，它也出现在一些高山地区，恰恰是位于比针叶林所占据地区的海拔更高的地区。由于温度低，沉积在苔原和北方森林土壤中的有机物分解得非常缓慢，这些土壤实际上是重要的碳储存地。全球气候变化导致的温度上升可能有利于这些有机物的分解，从而将大量的二氧化碳释放到大气中。

上图中展示的是草原的示例之一，即阿根廷潘帕斯草原。中间的图片是由针叶树组成的俄罗斯针叶林。下图是阿拉斯加的苔原，以小型抗寒植物为主。

☐ 热带森林
☐ 大草原
☐ 沙漠
☐ 丛林
☐ 温带草原
☐ 温带森林
☐ 泰加林或针叶林
☐ 苔原
☐ 高山
☐ 冰冻的极地沙漠

生物群区

　　一个生态系统是由在特定物理环境中相互作用的生物群区组成的，而生物群区是由一组适应特定气候的族群组成的，并占据了大片地理区域。（左图是生物群区全球主要分布图，系原书插图）

　　不同的生物地理学流派提出了不同的生物群区分类标准，并有多种分类方法。

动物对气候的适应性

　　由于进化，动物适应了自然环境。如果物种的自然选择随着时间而延续下去，一个种群中的个体就会一代又一代逐渐对特殊环境实现高度适应化。通过这种方式，物种已经发展出不同的策略来应对生态系统中普遍存在的气候特征。

冬眠时，熊进入深度睡眠状态，其新陈代谢主要是利用脂肪储备，回收蛋白质并减少产生的尿液量。

　　体温调节是生存的关键方面之一。据此，动物在生物学上被分为3种类型。

　　1. **恒温物种**，主要为哺乳动物或鸟类等温血动物。这种策略包括在内部产生热量，这种特性也被称为**内温性**。得益于此，它们能够保持恒温，而不依赖于外部温度。但是，它们还必须防止热量流失，这一点可以通过厚厚的脂肪层或密集的被毛来实现。**恒温**有一个缺点，即意味着需要摄入更多的食物。这是因为内温性是由富含能量的营养物质的代谢产生的。如果动物很小，如鼩鼱等，就会增加另一个问题。体形较小，意味着热量损失较大，所以这些哺乳动物每天需要大量的食物。就欧洲鼩鼱这种物种而言，它们每天必须吃掉相当于自己体重的昆虫，否则将会在几小时内死亡。

　　2. 第二类动物被称为**变温动物**，它们从环境中获取热量。这种特性被称为**外温性**。这类动物包括鱼、两栖动物、爬行动物和昆虫等，它们被称为冷血动物。由于它们对外界温度的依赖，这些物种在一天中最热的时候最活跃。例如，蛇利用了生态系统中出现的微小的气候变化。在夏季，它们躺在岩石上取暖，如果温度太高，它们则会利用阴影、岩石的角落和缝隙或水来降低温度。由于这一特点，它们无法在非常寒冷的环境中定居。

　　3. 第三类动物被称为**异温动物**。它们根据环境条件利用**内温**和**外温**。许多飞虫都属于这个类别。

　　如果蝴蝶或蜻蜓的体温低于30℃，它们就不能飞行。因此，在一天开始时，它们会把翅膀转向太阳使身体温度升高。一旦它们起飞，就会扇动翅膀，而这种活动会产生大量的热量。

　　当条件过于极端时，一些物种会采用其他策略。熊的冬眠就是这种情况，它可以进入休眠状态并承受冬季的低温。例如，灰熊（*Ursus arctos horribilis*）**冬眠**5～6个月，在此期间，它们的心脏每分钟只跳动19次。在其他群体中，如两栖动物和鱼类，它们利用**抗冻蛋白**能够防止其组织因冻凝作用而结冰。在有高温季节的环境中，一些水生物种

企鹅的脂肪和皮毛是一种适应性的表现，可以作为热绝缘体，用于保存体温，使它们能够在南极洲生活。

能够**钻入沉积物中**抵御干旱，等雨季到来时，它们将重新补水并恢复正常。

数百万年来，动物已经完善**适应生态系统气候的能力**。这使得它们能够留在具有最适合其特点的区域内。如果气候发生变化，例如全球变暖，那么这些策略可能会变得毫无用处。对于寒冷的生态系统而言，如果天气变暖，厚厚的被毛则会起到相反的作用，而在干旱盛行的地区，动物的适应性可能不足以持续到下一个雨季。在这种情况下，物种将被迫寻找新的地点以避免灭绝。目前，由于气候变化，整个地球都在发生物种的迁移，这将导致不同层次的生态系统发生变化。

由于水的物理特性，一些水生物种可以从寒冷的环境中分离出来。但也有一些动物可以通过抗冻物质来抵御冰冻。

体温调节

恒温动物

它们在体内产生热量，以保持体温恒定，不受外部温度的影响（内温性）。

↓

哺乳动物和鸟类

变温动物

这类动物从环境中获得热量，其体温随外界温度的变化而变化（外温性）。

↓

鱼类、两栖动物、爬行动物和昆虫

异温动物

这种动物根据环境条件使用**内温和外温**。

↓

很多飞虫都属于此类

气候变化

自从我们的星球存在以来，气候已经改变许多次。我们目前正在经历一个全球变暖的过程，它与其他历史变化不同，因为这一现象完全是由人类造成的。这种气候变化带来了当代文明必须面对的重大挑战。

纵观我们星球的历史，曾有很长一段时期温度非常高，而在其他时期，冰雪则覆盖了全球大部分地区。

地球有5个时期，被冰雪覆盖，称为**冰川期**。在整个冰川期，气候并不是一成不变的，较冷的时期称为大冰期，较温和的时期称为间冰期。我们目前正生活在**第五次冰川期**，即**第四纪**，它起源于250万年前，在此期间，人类开始了进化。

人类文明发展在间冰期，即在上次大冰期之后，大约距今1万年前。在这一时期内，气候一直保持相对稳定的状态，直到今天，地球正在经历**全球变暖**。虽然已知历史时期的气候经历了重大的变化，如中世纪暖期和随后的小冰期，但科学证明，至少在过去的2000年里，未曾出现过目前这种全球规模的气候变化。

我们目前正沉浸在全球变暖的过程中，这个过程大约是在19世纪40年代开始的，与工业革命和**化石燃料**大量消耗的时期相吻合，并且这种现象在最近几十年内一直在加速。

温室效应

专家们有一个广泛的共识，即全球变暖的**主要原因**是**人为因素**，即源于人类活动，包括向大气中排放温室气体。**温室效应**是气候调节的主要机制之一。地球从太阳接收大量的能量，但其中大部分是

温室效应

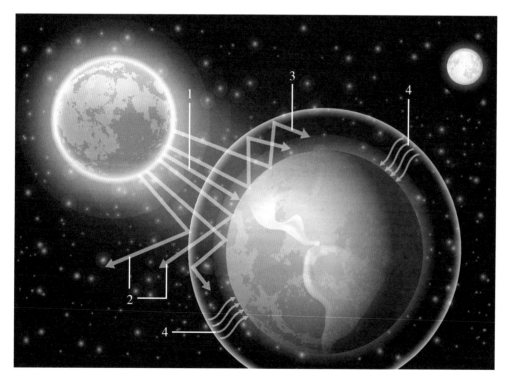

太阳辐射到达地球表面（1）。其中一部分以红外辐射的形式重新发射到太空（2），但其余部分，即在大气层中的温室气体返回地球表面（3），导致地表温度上升（4）。

1—到达表面

2—反射回太空

3—重新辐射回表面

4—暖化效应

以红外辐射的形式返回到太空。由于存在含有吸收部分辐射的气体的大气层，部分热量得以保留，这有助于创造有利于生命的环境。由于这些气体的存在，大气层起到了充当温室的作用，因此这些气体被称为温室气体。当前的问题是，现代社会通过工业、交通运输等活动，向大气层排放了大量以前不存在的温室气体，从而导致更多的热量保留在地球表面。这些气体中最主要的是CO_2，**即二氧化碳**，数百万年前，空气中的二氧化碳要丰富得多，但大部分被微小的植物和藻类通过光合作用捕获，后来通过复杂的地质过程转化为煤和石油矿藏。通过消耗这些矿藏，我们正在将埋藏在地下数百万年的大量CO_2挖出，使其返回到大气中。二氧化碳不是唯一的温室气体，还有其他一些气体，它们的影响（在同等数量下）可能更加强烈，但就其排放的数量而言，二氧化碳是最重要的一种。科学家们发现，如果把人为的温室气体排放因素包括在内，就能利用模型再现最近的气候条件（见第54页"过去的气候"）。如果我们把这个因素从模型中去除，模型显示的变暖程度比我们实际已知的要低。因此，人们最终得出结论，温室气体排放是全球变暖的主要原因。

这种变暖，不仅因为其规模，而且还因为其增长速度，给我们带来了许多不得不处理的问题。它影响了许多物种的生存机会，对许多栖息地构成威胁，也挑战了我们的生活和生产方式。尽管在短期内无法扭转，但我们将被迫尽我们所能阻止其继续增加，并投入大量精力进行调整。

极端事件

大气层变暖不仅意味着温度上升，还意味着温度体系的变化和极端事件的增加。正如锅里的水温度越高，水分子运动就越快一样，大气对流也会随着温度的升高而加剧。在许多地方，干旱期正在增加，下雨时，降水更加强烈，有时更具破坏性。我们还观察到其他影响，如两极冰雪和冰川的融化，这将意味着海平面将会上升。

大气层变暖导致的极端事件

适应寒冷的生命

气候变化不仅影响人类社会，其他物种也都将受到全球变暖的影响。我们常常以北极熊为例，但事实上几乎所有适应寒冷气候的生命都将受到影响。

北极熊为了在冰冷的北极地区生存，具有高度适应性。它们的**皮毛**和厚厚的**脂肪层**使它们能够应对寒冷，并进入广阔的北极冰层中捕猎。由于这些适应性，它们可以全年获悉冰架的演变。例如，在波弗特海（阿拉斯加北部），7月份，冰层开始从大陆架上退去。因此，大多数北极熊向北移动，利用储备维持生命，直到秋天冰层再次向南扩张。因此，这种动物专门在冰架上**捕猎**。它最喜欢的猎物是在冰下觅食的环斑海豹和髯海豹，甚至可以猎杀被冰层困住的白鲸。海豹会在冰面上开一个洞，定期从中探出头来呼吸。当海豹幼崽太小不能游泳时，它们会藏在这些通风口旁边。

北极熊知道如何找到这些地方，并且由于其白色的皮毛，使其能够跟踪猎物而不易被发现。成功捕获猎物对于它们而言至关重要，因为这些捕食者的**新陈代谢率很高**，需要富含脂肪和蛋白质的食物来满足其能量需求。

如果北极的气候条件发生变化，北极熊的巨大

北极熊适应在冰架上捕食，因此北极冰川的融化直接对它们造成影响。

适应性则会带来问题。由于**气温的上升**，冰层的**融化增加**，这意味着北极熊可以捕猎的冰架越来越少。换句话说，它们的栖息地正在变得支离破碎，所以它们不得不长途跋涉去寻找食物。因此，它们的体重减轻了很多，甚至可能因饥饿而死亡。此外，当冰层消退时，一些北极熊的种群会留在海岸上。由于它们是机会主义动物，可以捕食其他猎物，如海鸟的雏鸟或北美驯鹿。在鲸鱼尸体周围也常常看到它们成群结队地出现，这种食物被认为有助于它们在过去的间冰期生存。然而，如今鲸鱼的数量也在减少，鲸鱼尸体的供应量大大降低，使得北极熊经常以城市中心的垃圾为食，成为一个严重的社会问题。

北美鼠兔不确定的未来

在北美的山区中，我们可以发现北美鼠兔（*Ochotona princeps*），这是一种类似仓鼠的动物，生活在高山悬崖附近的岩石地区。在夏季，它们**收集食物**，以便藏在洞穴里过冬。

北美鼠兔的生存受到气候变化的影响，这种气候变化正在改变高山生态系统。

由于气候变化，该物种面临着不确定的未来，因为它在某种程度上被困在其栖息地。其皮毛已经适应寒冷，所以它们无法迁徙到温暖的地区生活。此外，迁移到高海拔地区似乎也不是一个解决方法，因为高海拔地区可能不存在作为其食物的植被。一些研究提示，鉴于其高度适应化，北美鼠兔可能会**灭绝**。

具体而言，已确认的具有历史意义的几个种群已减少。但是，最近的研究表明，一些个体确实会迁移到附近的森林中。通过这种方式，它们可以找到新的食物来源，并应对温度的上升。不幸的是，这种迁移将意味着北美鼠兔的局部灭绝，其对生态系统的影响尚未可知。

极地生态系统

冰架是北极生态系统的一个基本组成部分。作为初级生产者并维持整个食物链的藻类在冰层下生长。海豹在冰上繁殖，它们是北极熊的主食。

北极冰川对北极生态系统的重要性不亚于土壤对森林的重要性。

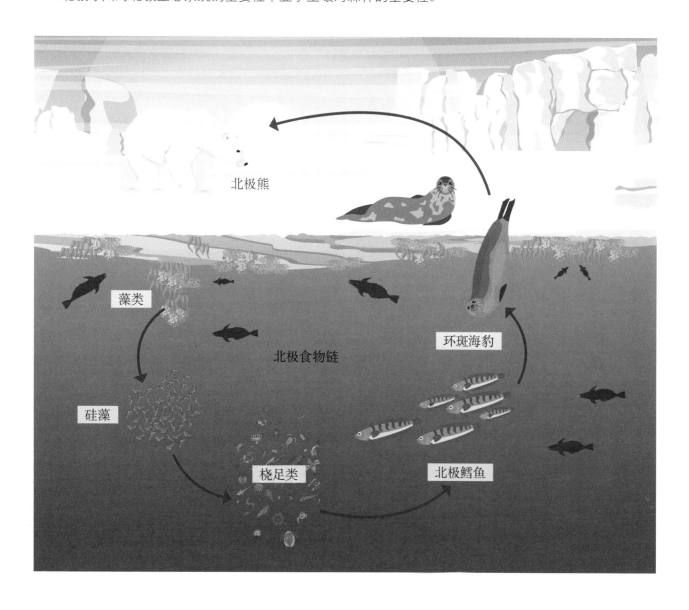

北极熊

环斑海豹

藻类

北极食物链

硅藻

桡足类

北极鳕鱼

海平面

温度上升是二氧化碳浓度增加的直接后果之一。因此，两极正在发生融化，并将导致海平面上升。

面对全球变暖，人类如果不采取补救措施，将会看到气候和环境的各个方面影响地球上每个角落。例如，2019年7月，全球出现了有记录以来的**创纪录的高温**，且近年来呈上升趋势。除了**热浪**或**干旱**等其他影响外，这种情况导致**海平面上升**。这是由几个因素造成的。首先是**水的膨胀**，就像身体受热膨胀一样，如果温度较高，地球上的水会占据更多的空间。其次是**冰层融化**，它以更复杂的方式发生。在这一点上，我们必须对流失的冰块进行两方面的区分：

- 一方面，在寒冷时期，地球北极和南极的海洋上形成了冰盖。在这些地区，结冰的水来

海平面的上升与两个因素有关：水的膨胀和地球上寒冷地区的冰层融化。

自海洋本身。这是**一年一度**的**冻融循环**。各种研究（如基于卫星图像的研究）表明，北极的冰层形成正在减少。自1979年以来，美国国家冰雪数据中心一直在监测这些冰冻地

海平面上升

南极洲（左）和北极洲（右）的三维插图。冰川的融化导致了海平面的上升。

区。根据其数据，2017年是有记录以来冰盖范围最小的一年。由于天气原因，在某些年份冰盖范围会增加，但总趋势是在北极形成的冰层越来越少，这种融化却对海平面上升的影响很小。究其原因，冰是由海洋自身的水形成的。打个比方，就像软饮料里面的冰块融化了，并不会导致液位上升。

- 另一方面，格陵兰岛和南极洲**大陆架**的冰融化确实在海平面上升中起到了重要作用，这两个地方都是地球上最大的淡水资源库。据信，如果这些地区的冰全部融化，海平面将上升6米。连续的研究表明，这些地区的冰量正在减少。据估计，自1992年以来，格陵兰岛的冰融化已导致海平面每年上升0.68毫米。此外，冰面的融化具有正反馈效应，可以加速这一过程。这是因为融化的水渗入格陵兰岛和南极洲冰川的内部，导致其破裂并流入大海。这一过程正变得越来越频繁，格

陵兰岛的水延伸图像证明了这一点。在南极洲也观察到了同样的现象，每年夏天都有成千上万的湖泊形成。拉森B冰架于2002年脱离南极半岛。其总面积为3250平方千米，远远超过卢森堡的2500平方千米。另一个类似的事件发生在2017年，当时A68大陆架脱离了拉森C，而拉森C仍与南极洲相连。其延伸面积为5800平方千米，重达十亿吨。

测量过去的海平面上升是很复杂的。据估计，1900～2016年，海平面的上升高度超过了15厘米。这些数字意味着每年上升几毫米，可能看起来并不严重。然而，它们足以在沿海地区造成严重的问题。海水将能够到达湿地等水生栖息地，使其生态系统服务面临风险，还将污染近岸的含水层。此外，这种上升还将增大飓风和台风的受灾范围，并随之产生社会影响。海平面上升也会对由小岛屿组成的国家产生重大影响，甚至导致其消失。

科学家提出警告，海平面上升的速度正在加快，并将影响到全世界数百万人。这是我们目前正在经历的气候紧急情况的后果之一。一些作者指出，冰的融化过程（特别是在不可见的表面）是海平面上升的主要原因。

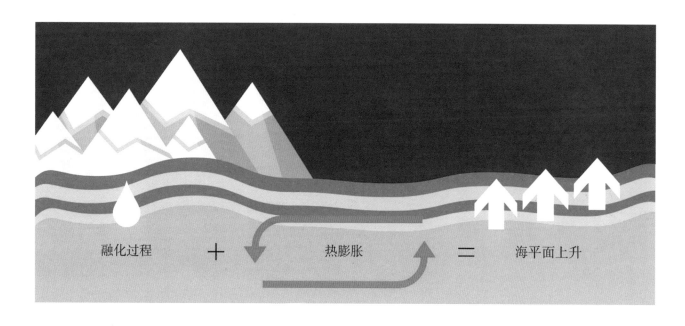

融化过程　＋　热膨胀　＝　海平面上升

我们能做什么？

应对气候变化的方法之一是减少排放到大气中的二氧化碳的数量。为此，人类制定了一系列减少所谓碳足迹的措施，每个人都可以在其生活方式中采取这些措施。

从生态学的角度来看，所有人类的行为都会对环境产生影响。其影响程度可能或大或小，但在任何情况下都不会是零。换句话说，我们开展的每项活动都会涉及**资源的消耗**或**废物的产生**。这就是所谓的生态足迹，这一术语指的是一个人或一个城市为满足其需求所需的地域面积。

关于气候变化，人类活动的影响与温室气体，特别是**二氧化碳**的排放有关。关于这一点，我们还发现了一个被称为碳足迹的概念，即考虑到一个人、公司、城市或国家的二氧化碳排放量。由于涉及大量的因素，这是一个难以计算的数字。例如，当我们购买任何产品时，在获得原材料、制造、运输和管理所产生的废物的所有过程中都会产生排放。然而，作为应对气候变化的措施，碳足迹是一个良好的起点。我们可以采取一些行动以减少排放，从而为应对全球变暖贡献自己的力量。实现这一目标最可靠的方法是牢记可持续性的3个基本概念：

- **减少**：做一名负责任的消费者，包括只购买需要的和就近生产的产品。在本节中，我们

同样还可以提到节水、节电等。

- **重复利用**：在我们的生活中，应当摆脱用后即弃的倾向，应给任何产品以二次使用的机会。
- **回收**：每种废物都应进入其特定的容器回收利用，以避免在制造过程中使用过多的原材料。

与表象相反，这些措施不一定意味着生活质量的下降。在许多情况下，它只是意味着改变一下生活方式。

有些商品的生产会导致较高的温室气体排放。例如，在食品领域，**肉类**是释放二氧化碳最多的产品。因此，我们可以通过减少肉类消费对抗气候变

减少

重复使用

回收

化。但是在谈到购物时，我们还必须考虑到其他方面。如果像蔬菜这样的食品必须从地球的一个地方运到另一个地方，那么影响再小也没有用。在这方面，最好是购买所谓的"**零公里**食品"或在我们居住地附近生产的食品。此外，我们还应该考虑到产品的包装类型，以及它的**塑料**含量不得超过应有的水平。

如果我们在扔掉东西之前对其进行重复利用，则可以避免二氧化碳的排放。例如，在扔掉一个不能正常工作的电器之前，我们应当确保是否有可能对其进行**修复**。这样就节省了制造新产品所需的能源和资源。如果无法修复，则应始终按照第三点，进行正确回收。

在能源层面也存在一些有助于应对气候变化的措施。这些措施包括**使用节能灯泡**，**关闭**不使用的**家用电器**或购买经过能源认证的电器。此外，可以在房屋中安装**隔热**材料，以便在使用**暖气**和**空调**时节约能源。最后，我们还将通过选择**公共交通工具**、骑自行车或简单的步行来避免更多的排放。

按国家划分的生态足迹

这张地图显示了按国家划分的因过度开发自然资源和农业等活动造成的全球生态足迹。根据世界自然基金会在2018年发布的《地球生命力报告》(*Living Planet Report: Aiming Higher*)，在过去50年里，生态足迹增加了约190%。这些数据来自有关总人口和消费率的数据库。

这一现实表明需要一个更加可持续的经济体系，这要求以生产、供应和消费为目标的活动进行范式转变。为了实现这一目标，必须了解该系统中不同行为者的关系，以便找到最佳解决方案。

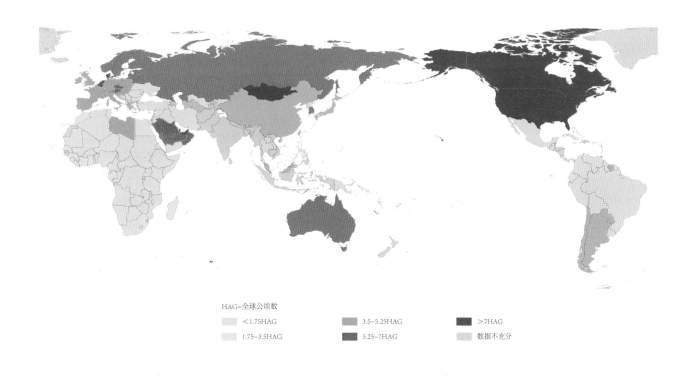

HAG=全球公顷数

<1.75HAG	3.5~5.25HAG	>7HAG
1.75~3.5HAG	5.25~7HAG	数据不充分

陆地生态系统

陆地生态系统是指在大陆或岛屿上发展起来的所有生态系统。这些系统依赖于结构良好并具有足够养分的土壤，同时受到供水和温度的限制。如果条件合适，可以形成像热带雨林一样复杂的生态系统。

陆地生态系统是由环境因素垂直构造和塑造的。

从结构上看，陆地生态系统可分为以土壤和岩石为代表的**地下部分**，具有水分和营养物质；**地上部分**受到风和阳光照射等环境因素的制约。昼夜和季节之间的温度变化也不同于以海洋生态系统为例的水生生态系统。上述条件使这些系统具有许多独有的特征。

这些生态系统的主要限制因素是**水的供应**。它将控制初级生产者的增长（参见第22页"什么是食物链？"），植物就是这种情况的典型代表。例如智利北部的阿塔卡马沙漠，它被认为是地球上最干燥和最古老的沙漠。在这里，我们发现了过去500年来没有下过雨的超干旱地区。因此，缺水阻碍了植物的生长，并导致土壤的贫瘠和被侵蚀，此外，温度变化发生率更高，也会促进水分流失。与此相反，在有水的陆地生态系统中，植物开始生长，从而引发土壤形成（参见第76页"土壤是什么？"）等过程或维持动物群落。但在这些地方，我们还必须考虑到**温度**，它不仅是水量的决定性因素，还会限制初级生产者的生长。换句话说，温度将决定植被的丰度，从而决定可以维持的生物多样性和食物网的复杂性。例如，在苔原地区，低温阻碍了丰富的植物群落的发展，由此限制了生态系统的其他部分（见第52页"气候"）。这些地区没有树木，苔藓和

左图向我们展示了被视为地球上最古老的沙漠的阿塔卡马沙漠干燥至极的土地。右图显示的是俄罗斯远东地区西伯利亚楚科奇的一个山谷中的苔原及附近的一条小河。

在森林和丛林中，地面的光线十分稀少，这迫使物种适应阴暗的环境。

地衣是最丰富的物种，还有低矮植物群。

　　因此，上述因素决定了一个陆地系统的**垂直结构**。这些生态系统中最具代表性的是**热带雨林**，可以用两个词来定义：炎热和潮湿。良好的温度条件和持续的降雨使得植被覆盖率极高，生物多样性水平很高（见第36页"生物多样性热点地区"）。矛盾的是，由于持续的降雨将土壤中的养分冲走，这些地带的土壤非常贫瘠，所以植物之间的竞争更加激烈。

　　雨林中，大量植物生长，这使得系统的垂直结构更加复杂。因此，雨林可以分为不同的**层次**，每个层次都有其特定的生物多样性。让我们来具体了解一下：

热带雨林

　　由于热带的水供应和温度因素，植物可以茁壮成长，形成雨林这样复杂的生态系统。同时，植物物种的大量增长使得该系统具有垂直结构，根据其产生的栖息地形成不同的层次。

露生层

树冠层

灌木层

地面层

- 下部对应于**森林地面层**，它接受的阳光照射量很低，出于这个原因，我们发现了适应阴暗条件的植物。它主要由**分解的有机物**组成。
- 中间层、**下层**和上层；**树冠层**，主要是能够获得更多阳光的大型树种。

从功能层面上看，我们可以提到由于**蒸腾作用**而产生的水循环。该术语指的是水分蒸发和植物蒸腾的总和。就植物而言，为了进行光合作用，它们必须通过根部吸收水分，并通过茎部将水分输送到叶子中。一旦到达了叶子，大部分的水分就会通过蒸腾作用流失，最终进入大气层。这一过程有助于冷却环境，甚至有助于该地区或偏远地区，乃至似乎明显不相连的地区（如两个大陆）发生降雨。

亚马孙和撒哈拉的联系

撒哈拉沙漠和亚马孙雨林相距甚远，看起来似乎是完全无关的两个系统。然而，每年都有数百万吨营养丰富的沙漠尘埃穿过大西洋，为亚马孙的土壤施肥（见下图，该图系原书插图）。特别是，最重要的营养元素——**磷**，主要来自乍得的博德莱地区。过去，这个地方是一个古老的湖泊，所以这里存在大量富含磷的死亡微生物。据估计，每年约有2.2万吨的含磷灰尘（其中的磷含量约为27.7吨）被风运走。这相当于森林每年因降雨而损失的相同数量的养分。

数据来自美国迈阿密大学罗森斯蒂尔海洋与大气科学学院的报告。撒哈拉沙尘的排放是亚马孙、大西洋和南极洲周边海域磷沉积物的主要来源，其通过不同区域对其他资源的健康和发展产生重要影响。

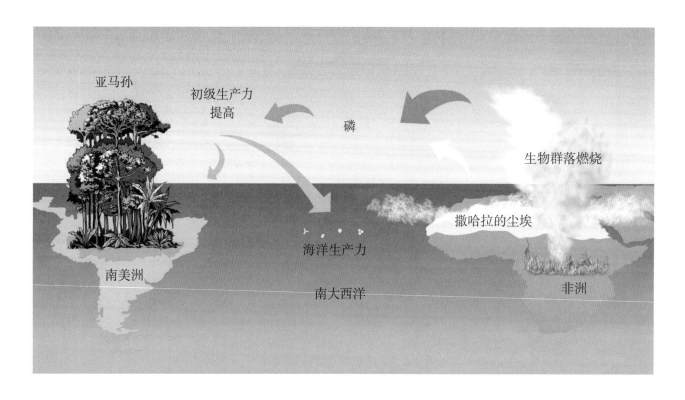

大型食草动物的作用

在复杂的生态系统中，食草动物的影响可以决定该地区的植被类型，甚至是营养物质的循环。特别是，这种现象在大型食草动物，如现在的大象或构成更新世巨型动物的物种出现时更为明显。

非洲大型食草动物，如斑马或大象，决定了生态系统的植物群落。

生态系统包含许多行动者，并受到大量变量的影响。大型食草动物在非洲的**塞伦盖蒂**等地区的作用就是一个很好的例子。在这个地区，存在相互竞争的两种类型的植被：**金合欢林**和形成**稀树草原**的草。随着时间的推移，这两种类型的生态系统出现了波动，其范围在增加或减少。这种行为是由于木本植物在争夺阳光方面比草本植物有更大的优势。基于此，森林应该在塞伦盖蒂占主导地位，而不是广阔的大草原。

形成塞伦盖蒂景观的关键在于两个减缓金合欢生长的因素：**大象和火灾**。两者都对草的生物量存在积极影响，这反过来又维持了羚羊和斑马等动物的多样性。此外，通过反馈效应，草提供了更多的死亡有机物，有利于阻断生态系统发生的火灾。此外，野马等食草动物种群也对森林产生了负面影响，因为它们以新发芽的种子为食。然而，塞伦盖蒂的这一复杂系统也会受到其他因素的影响，使天平向金合欢林倾斜。例如，过度猎杀大象或发生影响大型食草动物的疾病将促进树木覆盖面的扩大。

更新世巨型动物的灭绝

由于**巨型动物**的存在，这种动态也必定在更新世发生。例如，大约2万~1.5万年前，美洲大陆的一部分被大型食草动物支配，如乳齿象和巨型树懒，它们阻止了树木的生长，有利于平原的扩张。此外，狮子和剑齿虎等超大型食肉动物的存在，可以防止这些生态系统因过度食草而崩溃。

因此，我们发现，美洲也存在着平原、森林、食草动物和食肉动物之间的平衡。一些研究表明，当**人类**来到该地区时，这种动态关系就被打破了，因为人类成了生态系统中**新的捕食者**，其他食肉动物不得不增加捕食量。人类有更好的狩猎装备，可以获得更好的猎物，还能盗取其他物种的猎物。因

坦桑尼亚塞伦盖蒂国家公园日落时分平原上的金合欢树

成群的角马

在更新世，地球上的生态系统由被称为巨型动物的大型哺乳动物的巨大多样性所主导。猛犸象和乳齿象的作用应当类似于现在的大象。剑齿虎等掠食者控制了大型食草动物的数量。

此，超级食肉动物增加了在更新世末期已经受到气候变化影响的食草动物种群的压力。这一系列的因素造成了大型食草动物的**灭绝**，也导致了专门捕食食草动物的食肉动物的消失。

在美洲的巨型动物灭绝后，景观发生了变化。猛犸象和乳齿象的消失有利于森林的生长。平原消退，许多依赖平原的物种的栖息地也随之消失。**植被的变化**有利于生物量的积累，这导致了更多的森林火灾。换句话说，当生态系统最重要的工程师——大型食草动物被消灭后，生态系统的动态发生了变化。

巨型动物和营养物质运输

巨型动物（猛犸象或乳齿象）对生态系统的影响不仅仅体现在其允许生长的植被类型方面，它们也是**海洋**中营养物质循环的一个重要组成部分。

这条连接猛犸象和鲸鱼的链条始于海洋。这些地区的海洋哺乳动物，如大型鲸类动物，在大约100米深处觅食后，会来到水面排便和排尿。通过这种方式，它们促进了海藻的生长，这些藻类生活在阳光照射到的区域（见第108页"海洋"）。这种运输使原本滞留在海底的营养物质得到利用。因此，当藻类被浮游动物和鱼类吃掉时，磷和氮等元素会进入食物链。在过去，鲸鱼和其他海洋哺乳动物每年将约3.4亿千克的磷从深海输送到海面。但如今由于人类影响造成的种群减少，磷的数量已经减少到每年约7500万千克。

一旦营养物质到达鱼体内，就会出现运输的一个关键点。以鱼为食的**海鸟**在陆地上有它们的栖息地。因此，当它们排便或死亡时，磷和氮就成了大陆或岛屿生态系统的一部分。此外，我们还必须强调被称为**溯河性鱼类**的作用，即那些从海洋游到河流进行繁殖的鱼类。这些物种（如鲑鱼）也有助于化学元素的流动。在过去，海鸟和溯河性鱼类这两个种群每年可以从海洋向大陆转移约1.5亿千克的磷。最终，一旦营养物质到达陆地生态系统，大型食草动物将帮助营养物质传播到整个大陆的各个地方。因此，巨型动物的消失、海洋哺乳动物和鸟类的减少，以及鱼类洄游的中断，使这些元素的运输速度减慢，甚至消失。根据发表在《美国国家科学院院刊》（PNAS）上的一项研究，在全球范围内，这一链条已经减少到只有以前全球产能的6%。

动物和营养物质的运输

根据《美国国家科学院院刊》的文章《巨型动物世界中的全球营养物质运输》（2015年3月）所述，动物不仅扮演着营养物质消费者的被动角色，而且还影响着营养物质的动态和循环，尤其是在营养物质匮乏的时候，因为它们在营养物质的运输中发挥着非常重要的作用，但随着大型动物的灭绝或大量减少，其相关性已经减弱。

无论是现在还是以前，在大幅度减少之前，动物在陆地、海洋、河流和空气中运输的营养物可以被量化。过去可以说是一个巨型动物的世界，海洋中有大量的鲸鱼和海洋哺乳动物，陆地生态系统中有大量的巨型动物，但大多数生态系统都失去了其最大的动物。虽然人们为确定灭绝和衰退的原因付出了很多努力，但缺乏对其造成的生态影响的关注，原因很明显，营养物质的动态在这些动物种群衰退后发生了变化。大型陆地动物、鲸鱼、海鸟和鱼类在回收深海营养物质和保持地球肥沃方面发挥了重要作用。然而，动物种群数量大量减少，加上一些大型哺乳动物的灭绝，使这一运输系统停滞不前（特别是在磷的回收利用方面）。

动物消化加速了营养物质的循环。例如，大型食草动物会吃掉丰富的植物，并在体内将其分解，其排泄物释放出的营养物质可以被重新利用。因此，当它们消失或减少时，就会出现失调，整个生态系统的营养物质就会变少。

在陆地和海洋中，目前将营养物质从热点地区转移出去的能力下降到先前的6%。由鲸鱼和其他哺乳动物在海洋深处觅食并到海面排便和排尿而释放的磷（P）等营养物质的垂直运输，减少了77%，海鸟和溯河鱼类（在海洋和河流中游行）从海里向陆地横向转移的磷减少了96%，中断了过去存在于海洋最深处和大陆内陆地区之间的高效营养分配链。

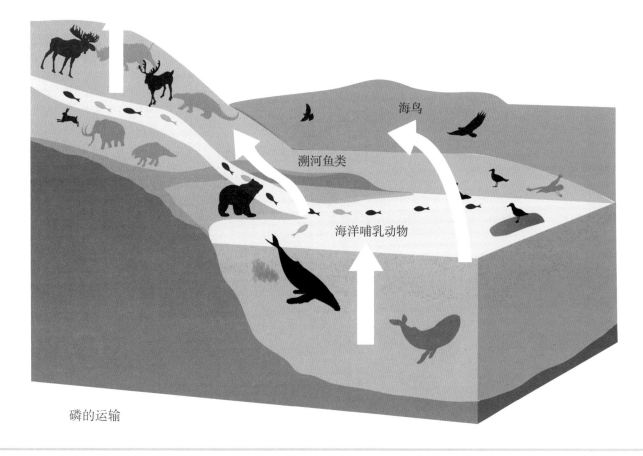

陆地食草动物

海鸟

溯河鱼类

海洋哺乳动物

磷的运输

土壤是什么？

土壤是陆地生态系统赖以生存的基础：在其之上，有时在其中，生活着生物群落。即使是飞行的动物，也要依靠土壤中的生物提供食物或筑巢。然而，一种土壤与另一种土壤互不相同，因为土壤的种类繁多，土壤的性质在很大程度上决定哪些生态系统能够在其中发展。

土壤学是研究现有的不同类型土壤的学科。

在**土壤科学**中，土壤被理解为存在于地壳表面的**松散矿物**（通常是有机的）**材料层**。对于只有坚固和裸露的岩石的地方，我们不能称之为土壤，因为这是一种固结材料。如果在岩石上面有一层石子（我们日常用语中称之为土），我们可以说这一层是土壤。土壤下的坚固岩石被称为**基岩**。

土壤可以有截然不同的特征，这取决于多种因素，这就是土壤科学家将其分为许多**不同类型**的原因。母岩的类型很大程度上决定了土壤的性质。例如，钙质岩和硅质岩会产生具有不同物理化学性

土壤的结构

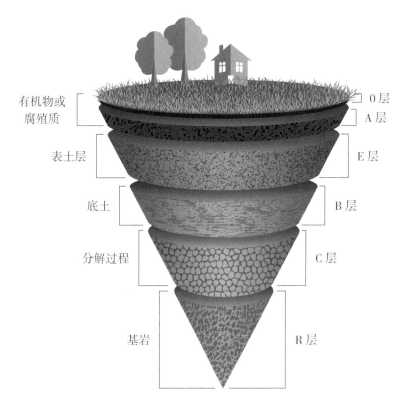

有机物或腐殖质

表土层

底土

分解过程

基岩

0层
A层
E层
B层
C层
R层

0层：它是土壤的最外一层，由来自落叶和树枝的有机物组成。是一个昆虫和动物可以生活的地方。

A层：它是土壤中最肥沃的一层。颜色深，由分解的生物器官或腐殖质和矿物质组成。

E层：颜色较浅，因为从A层来的金属氢氧化物、黏土、盐和氧化物都沉积在其中。

B层：能够保持水分的细粒或黏土层。

C层和R层：它们由基岩或母岩形成。其中，C层中主要是破碎的或处于崩解过程中的基岩。

土壤的形成

　　裸露的岩石最初被地衣和小植物定植，这些植物会使得沉积物积累，大型植物随着时间的推移而发芽。多年来，受气候、根系和植被有机物影响而产生的风化作用，正在不断地将岩石塑造成土壤。

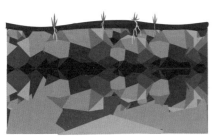

质的土壤。颗粒的结构和大小也很重要。当细粒（如淤泥或黏土）占主导地位时，持水能力比粗粒（如沙）高得多。另一个关键成分是有机物，它来自生长在土壤上的植被。有机物沉积在土壤表面，在那里被真菌、无脊椎动物和细菌的活动所降解，部分被土壤中的一些"居民"（如蚯蚓）带入。有机物就像海绵一样，使土壤具有保留更多水分的能力，还能防止土壤结块或过度压实，因为它对水土流失提供了一定的保护。它还保留了植物作为养分使用的无机物质，否则，这些物质会溶解在雨水中，并且很容易被从土壤中冲走。

　　土壤**结构**的重要性并不亚于土壤的成分。随着土壤的成熟和加深，土壤被排列成不同材料的**层位**或**土层**，土壤科学家称之为土壤发生层。地表是有机质最丰富的层位，而在更深的地方，我们发现了原始的矿物材料，在中间部分，两种类型的物质都有一定的丰度。有许多不同的土壤，具有不同的土层，有时较粗，有时较细。

　　可以看出，土壤的性质对生态系统的类型起到决定性作用，同样，土壤中存在的生命也将极大地

影响其特征。因此，良好的土壤条件是维持与之相关的生物多样性的关键，其中包括人类获取食物的农田。

土壤的成因

　　水或**风**等物理因素的作用是土壤产生的根本原因，这要归功于**风化作用**（岩石的分解）和沉积物的**输送**。生物的活动也是至关重要的。

　　让我们想象一下，一大片被地衣定植的裸岩。它们通过其生物活动释放出酸，加速岩石的降解，进而保留水分和被风吹来的灰尘。这种微薄的基质使微小的植物得以生长，并将加强这一过程，同时也为初生的土壤提供来自其死亡组织的有机物。久而久之，在那些灰尘堆积较多的缝隙或角落里，可能会生长出灌木和树苗，它们的根部会更好地使岩石破碎，并保留风和水带来的沉积物。此外，它们将提供更多的有机物质。因此，我们在被称为**土壤形成**或**成土形成**（见上图）的过程中，观察到一个正反馈过程（见第20页"生态系统的调节"）。

什么是荒漠化？

正如我们所看到的，土壤是由于岩石的风化和居住在其中的生物体的生物活动逐步形成的。然而，它们被认为是一种不可再生的资源，因为这种生成过程极其缓慢。这意味着，对这些资源的开采会导致巨大的损失，从而产生严重的问题，而且预计在未来几十年内，这些问题还会增加。

砍伐森林和矿产开采是造成土壤退化的一些活动。

当今时代的人类活动已经对土壤产生了多种威胁。**森林砍伐**意味着产生和保护土壤的植被的丧失，从而促进了土壤的退化。除此以外，还应当补充这样一个事实：在世界许多地方，由于**气候变化**的影响，降雨的强度将增加，从而增加了对土壤的侵蚀。气温上升还可能导致分解生物的生物活动增加，这将增加有机质的损失率和因其呼吸作用而产生的二氧化碳排放。农业活动也对土壤产生了巨大的影响，因为通过耕作，会清除和破坏土壤的结构，造成大量有机质的损失并促进水土流失。这一作用在仅使用无机肥料的情况下尤为明显，因为无机肥料不能恢复土壤的有机质。最后，**城市领土的扩张**产生了最大的影响：对土壤的彻底破坏。《联合国防治荒漠化公约》（CNULD，或英文缩写

UNCCD）将荒漠化定义为"由于气候和人类活动在内的种种因素造成的干旱、半干旱和亚湿润地区的土地退化的现象"。因此，应将其理解为土壤的退化，当这种现象发生在某些气候条件下时，可导致该地区变成沙漠。

尽管纵观地球历史，沙漠地区的发展和退化取决于多种因素（如气候变化），但是由于以上所述的人类影响，我们目前正面临着全球荒漠化地区扩大或土壤退化地区面临荒漠化风险的局面。据估计，有植被的土地面积中有20%以上出现了退化或丧失生产力的迹象。

荒漠化是**粮食安全**的一个主要**威胁**。人类消耗的99%以上的热量来自陆地环境，包括农业和畜牧业的产品，而土壤的营养循环贡献了所有生态系统服务总价值的51%左右。此外，状况良好的土壤就像海绵一样，可以保留并净化水分。相反，水分很容易透过有机物含量低的退化土壤，或携带沉积物流过这些土壤，对其进一步侵蚀。这些数据反映了土壤的巨大重要性，目前已有25%的可耕种土地已经退化，并且这个数字还在上升。如果这一趋势不能扭转，将意味着农业生产会遭受重大损失。虽然全人类都将受到影响，但最脆弱和资源贫乏的国家可能受到的影响最大。

土地退化中性和土壤保护

面对所有这些威胁，人们正在提出和实施各种措施。UNCCD和COP（缔约方大会或联合国各种公约的管理机构）提出了"土地退化中性"（NDT）的概念，即"维持生态系统功能和服务以及加强粮食安全所需的土地资源的数量和质量在特定的时间和空间范围内保持稳定或增加的情况"。因此，NDT被设定为《公约》缔约国要实现的目标，这意味着采取必要的措施来保护健康土壤和恢复退化的土壤。

在农业活动方面，人类提出了各种技术性建

城市化导致其所占据的土壤被完全破坏。农业活动也带来了大量的水土流失和土壤结构及有机物的损失。

议，以更加可持续的方式对土壤进行开发利用。

- **直接播种**，是所谓"保护性农业"的核心要素。这种方法建议在播种时不翻动土壤，以免破坏其结构，并保留作物的残茬，以提供有机质并阻碍杂草（俗称野草）的生长。

- **森林生态农业或农用林业**，即作物或牧场的开发与树木的存在相结合。事实上，这种制度已经实行了几个世纪，伊比利亚的牧场就是一个典型的例子。这种类型的经验正在世界各地得到实践，并取得了良好的效果，这种效果不仅在土壤保持方面，在其他方面也获得了很好地体现：由于农民对树木的产品加以利用，增加了系统的生物多样性，促进了生产多样化。

各大洲土地退化的问题

从2017年《联合国防治荒漠化公约》纲要中我们可以看到，荒漠化是干旱、半干旱和亚湿润干旱地区的土地退化，归类为旱地，这是由于人类活动和气候变化等多种因素造成的。1967～2017年，一些旱地地区的荒漠化范围和强度都在增加。荒漠化过程的多重性和复杂性使其难以量化。荒漠化热点地区被确定为植被生产力下降。

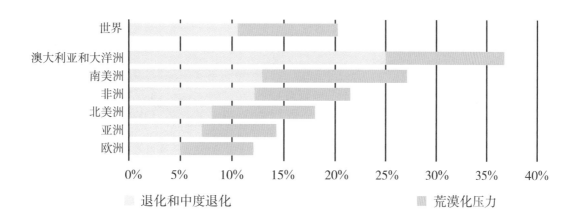

陆地生态系统服务

陆地生态系统为人类社会提供各种生态系统服务。从传统上看，森林资源的使用主要集中在狩猎或木材采伐等供应活动上。如今，注重可持续发展和保护的模式的应用，正在催生出利用其资源的新方法。

人类应以可持续的方式利用陆地生态系统产生的资源，以确保其得到保护，促进其可持续发展。

历史上最相关的一个因素是**狩猎**，它曾被视为一种获得食物资源的方式。尽管随着社会的发展，它已经从一种维持生计的手段变成了一种娱乐活动，而在一些资源匮乏的地区，狩猎仍然是一种维持生计的方式，但其管理十分复杂，因为它对生物多样性有重要影响。另一个历史悠久的陆地生态系统服务是**木材开采**，因人类砍伐森林而产生了重大影响。

狩猎和木材采伐被视为**供给性**的生态系统服务。换言之，旨在与其他资源（如皮、果实、种子、真菌或药用植物）一起获取的活动。目前，随着可持续发展理念的出现，以更加尊重资源的方式管理这些生态系统的方法已经实施。其中一个例子是被称为**真菌资源旅游**的旅游业的发展。在西班牙，采摘蘑菇被作为一种娱乐活动正在蓬勃发展。由此围绕可食用物种建立了一个包括采摘者、餐馆和公司在内的经济网络。为了确保对资源的采集不会导致物种的灭绝，必须在遵循可持续性发展的法律框架内管理这项活动。另一个例子是**软木**的提取，对这一活动的管理是以可持续的方式进行的，这是因为只有在树龄超过30年的情况下才能进行第一次采伐，这意味着必须对森林进行长期的管理。

森林管理的一个方式是**农林系统管理**。这种方法基于对树种的开发，同时清理生态系统，以形成

植物和药物

几个世纪以来，**奎宁**一直是用于防治疟疾的主要化合物。它来源于金鸡纳树（*Cinchona officinalis*）的树皮，其特性已经为美洲原住民所知。对这种植物的使用传播到世界各地，它有助于防止疟疾患者的死亡。同样，**乙酰水杨酸**或阿司匹林最初是通过研究柳叶中的成分而研发的。这些案例也可以作为陆地生态系统服务的示例。与过去一样，保护生活在这些地区的生物多样性及对其进行生物化学研究，可以为我们提供未来的**药物**。

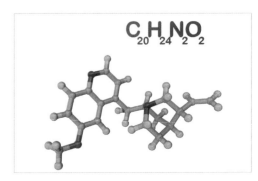

奎宁分子结构式

有利于牲畜养殖的牧场。通过这种方式，不仅可以实现高产，还能同时获得土壤保护和养分循环等环境效益。此外，由于农林系统比集约化农业或畜牧业使用的土地具有更多的生境多样性，因此具有更大的生物多样性。然而，与自然森林系统的生物多样性相比，仍然存在很大差距。在西班牙的牧场中存在着一种农林系统，该系统基于由橡树和软木橡树等物种形成的森林。在这些地方，人类活动的目标是饲养猪和牛等牲畜，同时可以从树木中提取各种产品。

与专注于产品提取的系统相比，有一些基于**保护**的模式。通过这种方式，人们创建了保护区，旨在尽可能少地对生态系统进行干预。与这种做法平行的是倡议开展**自然旅游或生态旅游**。就这一点而言，我们可以说，陆地生态系统还为我们提供了一种身心上的享受。

什么是生态服务？

生态系统服务是一系列为人类社会提供自然资源，使人类获得利益的服务，如提供水和食物、气候控制、授粉等。通过确保生态系统的正常运作，我们可以以可持续的方式享受这些服务。

1—气候调节
2—碳存储
3—水质
4—生物多样性
5—授粉和害虫控制
6—灌溉

7—土壤质量和侵蚀控制
8—水产养殖
9—优美的风景
10—渔业
11—海岸保护
12—洪水调节

农业

了解植物的生命周期并学会种植是几千年前新石器时代的伟大成果，得益于此，人类才可以放弃游牧生活，并以群体的形式定居，这些地方最终发展为城市。因此，农业可以被视为文明的种子。

一块耕地可以被理解为一个极为简化的生态系统。植物区系的生物多样性非常低，因为受到人类活动的青睐，导致一个或几个物种占据主导地位；这些物种正是那些经过培育的物种，其进化是在几个世纪以来一直受到人类活动引导的，以适应人类的需求和偏好。同时，为了减少竞争，人类对其他物种进行抑制。其中有一些物种，通常被称为**野草**（在技术术语中被称为**杂草植物**），尽管受到耕作或除草剂的影响，但仍与农业活动密切相关，它们需要的正是耕地中存在的生存条件，而耕地的土壤是定期翻耕的。这些物种很难在灌木丛或森林中繁衍生息。因此，它们的策略是快速生长，并产生大量的种子。在某些情况下，它们的种子甚至已经进化成与栽培物种的种子非常相似，因此，当收获时，它们可以在其中伪装起来，如果幸运的话，来年可以随着作物种子再次被播种。

现代集约化农业的产量很高，但消耗了大量石油和其他生化产品（如杀虫剂）。

物种种类极少，其**多样性低**，种群密度高，因此非常容易受到虫害的影响。当我们提到其活动能够对人类耕种造成损害的某个物种时，我们就称其为害虫，害虫在一定条件下会对农作物产生不良影响。例如，如果在一个自然生态系统中，一只蝴蝶在一种植物上产卵，而这种植物的个体分散且数量不多，那么从一种植物传播到另一种植物的机会则较低。此外，这种昆虫可获得的食物将更少，因此其数量将更加有限。由于这是一个更加多样化的生态系统，可能会有更多的捕食者。而在农作物中，情况正好相反，因为它们赖以生存的植物距离很近，使得害虫很容易从一株植物转移到另一株植物上，丰富的食物使它们成倍增长，一般来说，控制害虫的天敌会很少，因此农民往往不得不使用杀虫剂，目前正在开发替代或补充方法，如有利于天敌数量增加的措施。其中一个例子是瓢虫所属的瓢虫科（*coccinellidae*），它们是蚜虫天敌。

营养问题

农业系统的特点之一是通过食物链不断提取营养物质：种植的植物利用从土壤中获取的**氮**、**磷**和其他元素，生长出根、茎、叶、果实和种子，然后

马铃薯甲虫（*Leptinotarsa decemlineata*）是一种常见的害虫，人们通常使用杀虫剂进行控制。

人类通过收获将这些元素从生态系统中移除，整棵或部分植物最终进入城镇市场，或作为牲畜的饲料。这可能导致**土壤枯竭**和肥力丧失。从历史上看，将田地作为牲畜牧场的交替性使用，能够使牲畜在以前放牧的其他地方摄入养分后，通过其粪便来为田地补充养分。

种植豆科植物是另一种被用来恢复土壤中氮含量的方法，因为这类植物与根瘤菌共生，能够从大气中获取氮，并从中产生**硝酸盐**，可被光合作用利用。如今，人类可以通过工业生产过程大量生产硝酸盐，并通过采矿提取大量的**磷酸盐**（植物通过这种物质吸收磷）。这种**无机肥料**的使用促进了高产农业系统的发展，从而能够产生大量的盈余，但也存在一些缺点。一方面，它需要大量的能源，而这些能源主要是从石油中获取的；另一方面，土壤中非常重要的有机质并未得到补充（见第76页"土壤是什么？"），目前正在开发相关技术。

农田

丰富的自然环境和耕作方式的联系非常复杂。虽然许多具有较高自然价值的栖息地通过粗放型农业维持，各种野生物种的生存也依赖于此，但这种以植物种群多和植物区系多样性低为特点的农业，也会因为不恰当的耕作方式或不恰当的土地使用而导致野生动物的丧失，这也使得田地更容易受到害虫的侵害。使用杀虫剂来抵制害虫的影响，则会增加土壤恶化的可能性。目前正在研究新的作业技术，以减少农业对环境的影响。

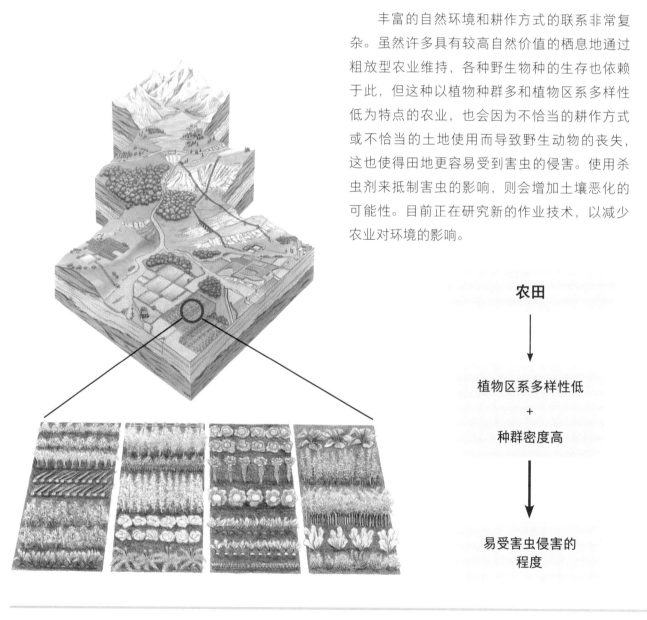

农田

↓

植物区系多样性低

+

种群密度高

↓

易受害虫侵害的
程度

畜牧业

新石器时代的成果还包括牲畜的驯化。许多牧民甚至直到近代，还保持着游牧状态，为他们的牛群寻找最好的牧场，其他牧民则将这种活动与农业结合起来。

畜牧业为人类提供了将不能直接使用的资源转化为食物和原材料的可能性。人类不具备消化生长在牧场和林地中的植物以及农作物秸秆中的**纤维素**的能力。然而，我们驯化的食草动物的消化系统中有一种细菌菌群能够做到这一点，从而使之转化为优质蛋白质（肉、奶、蛋……）或转化为其他材料（如皮革或羊毛）。在许多地方，牲畜一直是食物的主要来源，特别是在环境条件阻碍农业生产，但允许放牧的地区。

纵观人类历史，**畜牧业**的分布通常十分广泛。这意味着动物或多或少是在**广阔**的地区饲养的，这些地区本身就能够提供供养动物的资源：牧场、草地、休耕地等。如果过度放牧，当畜群数量过多并超出一个地区的承载能力时，这种畜牧业模式则可能会对环境产生影响。

如今很大一部分肉类生产是通过**集约化畜牧业**实现的，这是一种更典型的工业社会模式，即在小农场中大量饲养动物，其组织形式至少可以认为是在一定程度上受到了工厂模式的启发。在这些情况下，利用通常位于其他地区的田地生产的饲料或草料喂养动物，从而使生产链全球化。例如，欧盟既是世界上最大的农产品出口国，又是世界上最大的农产品进口国，这看似是一个悖论。其进口的产品主要包括初级农产品，如大豆、蚕豆和其他用作牲畜饲料的种子，这些农产品主要来自一些美洲国家，如巴西、阿根廷或美国。不难想象，这些产品的种植和运输需要大量的资源和地域空间，所以这种畜牧业的影响包括：占地、水、温室气体排放等。在这方面，养牛业表现得尤为突出。反刍动物的消化过程包括生活在其瘤胃中的微生物消化植物纤维素的阶段，在这个过程中，它们会产生大量的甲烷气体，其温室效应相当大。因此，一些组织提议肉类消费较高的国家减少肉类消费，以减少温室效应。

昆虫的替代品

尽管昆虫是世界上许多地区，特别是在亚洲、非洲和南美洲饮食的一部分，但是在大多数工业化国家，食用昆虫并不常见，但在这些国家，食用甲

上图是一个集约化养羊场，这一行业是甲烷气体的重要来源。下图是供人类食用的蟋蟀生产线，这是另一种畜牧业的形式，可能成为前一种畜牧业的一种替代方式。

壳类动物并不罕见（如虾或蟹），它们与昆虫一样，属于节肢动物群，其特征是具有硬外骨骼、分段的身体和有关节的腿。最近，世界粮农组织等机构正在推动这些国家采用昆虫作为食物（称为**食虫性**）来替代肉类。一方面，由于其体积小，生命周期非常短，因此可以在相对较小的空间内大量生产。另一方面，这些动物的饲养非常节水，与传统牲畜相比，这是一个显著的优势。如果开发和管理得当，昆虫生产有可能成为一种更环保的动物蛋白生产形式。几年前，欧盟开始授权将其作为食品进行销售，现在已经可以在一些商店和餐馆中找到这种食品，但价格仍然很高。

动物传染给人类的疾病

全世界可食用的昆虫有1900多种，并且随着对这个问题的深入研究，这一数字还在持续上升。这些已知的物种大多是直接从自然环境中收集的。除昆虫之外，其他动物家族也进入了人类的食谱中，引起了人们以前没有出现过的疾病。

甲虫　　　　　　　毛毛虫　　　　　　　蚂蚁　　　　　　　蚱蜢

非法贩运物种和破坏生物多样性使生态系统结构简化，是显著增加人畜共患病风险的因素之一。畜牧业也存在这样的风险。这方面有两个例子，一个是疯牛病，即海绵状脑病，另一个是源自骆驼的MERS（中东呼吸综合征）。因此，畜牧业的健康控制至关重要。昆虫和人类之间的亲缘关系很远，因此，人们认为，只要在卫生条件下饲养，发生人畜共患病风险比哺乳动物低得多。

蝙蝠　　　　　　　　　穿山甲　　　　　　　　　果子狸

毁林概述

毁林是指为了将土地用于农业、畜牧业、采矿或其他用途而砍伐或焚烧森林的行为。这是一种生境破坏的形式，会导致生态系统服务丧失、物种灭绝或土壤退化。

世界上有多少棵树？根据2015年发表在《自然》杂志上的一项研究，当时地球上约有3万亿棵树。这个数字是利用卫星图像、森林调查和超级计算工具的数据计算出来的。此外，研究人员将俄罗斯、斯堪的纳维亚和北美的森林确定为森林密度最高的地方。然而，最大的森林地带位于热带地区，全球43%的树木生长在那里。

尽管这些数字看起来十分惊人，但目前绝大多数的森林形态都在**衰退**：

- 自从人类文明开始以来，地球上树木的总数已经约下降为原有的54%。
- 森林砍伐每年都会导致150亿棵树死亡。
- 开辟农田和使用土地饲养牲畜是造成树木数量减少的主要原因之一。根据世界粮农组织2016年的一份报告，全球40%的森林砍伐是由商业化的农业行为造成的，其次是当地自

砍伐森林涉及多种类型的生境破坏和森林生态系统服务的丧失。

给农业（33%）。

- 砍伐森林涉及许多类型的生境破坏以及森林生态系统服务的损失。
- 其他因素包括基础设施建设（10%）、城市扩张（10%）和采矿（7%）。

然而，这种毁林行为并非在所有地区都同样发生。大部分**森林和丛林**破坏主要集中在11个地区：亚马孙、大西洋森林和格兰查科、加里曼丹岛、巴西塞拉多、乔科-达里安密林、刚果盆地、东非、澳大利亚东部、大湄公河、新几内亚和苏门答腊。

非法木材贸易

桃花心木是一种红褐色的木材，从桃花心木属的3个物种中获得。由于其物理特性，几个世纪以来，这种木材一直被高度青睐，用于制造不同的产品，如船只、豪华家具或乐器。然而，一味地滥砍滥伐致使产生这种木材的所有物种都必须受到保护以避免其灭绝，甚至被列入《濒危野生动植物种国际贸易公约》（CITES）附录。如今，非法木材贸易还涉及一种更具选择性的森林砍伐，使许多物种面临危险。例如，2012～2019年，尽管加纳禁止红木贸易，但仍有600万棵**红木**被砍伐用于出口。

不幸的是，森林砍伐正在增加。2015年，联合国警告，森林损失已经急剧增加。1990~2000年，每年有400万公顷的树木被砍伐。2000~2010年，每年砍伐的数量增加至650万公顷。相比之下，这意味着每5年就会有一个和挪威国土面积一样大的森林被砍伐一次。在区域层面，位于热带的拉丁美洲遭受的砍伐增幅最大，其次是位于热带的亚洲和非洲地区。在位于热带的非洲大陆，世界第二大热带雨林刚果盆地的森林和马达加斯加令人印象深刻的猴面包树森林的命运令人担忧。然而，在欧洲等地区，由于放弃了农业和畜牧业用地，加上生态系统保护措施的实施，森林面积正在增加。

砍伐森林导致大量的**生境**类型被**破坏**。因此，依赖这些生态系统的植物和动物物种可能会面临**灭绝**。此外，对森林和林地的破坏意味着重要生态系统服务的丧失（见第80页"陆地生态系统服务"）。亚马孙、非洲和东南亚的热带森林有助于气候降温，增加大气中的湿度。这些地区的森林砍伐可能导致全球气温平均升高0.7℃。除了减少许多国家的降雨量外，还应考虑到森林生态系统作为碳汇的作用，也正因此，森林生态系统对应对气候变化具有很大帮助。在砍伐森林的过程中，森林被烧毁，释放出其捕获的碳，产生的二氧化碳排放量几乎与全球机动车的排放量相当。

全球森林覆盖率的变化

在世界粮农组织于2015年绘制的这张地图中，我们可以看到1990~2015年全球和各国的森林面积变化。大部分的森林砍伐是由于农作物和牲畜养殖的增加。因此，为了抵消这种影响，必须追求一种可持续的模式，以确保国家的粮食安全，同时停止砍伐森林。然而，由于各种保护和养护政策，在地球上的一些地区，这种趋势正在被扭转。

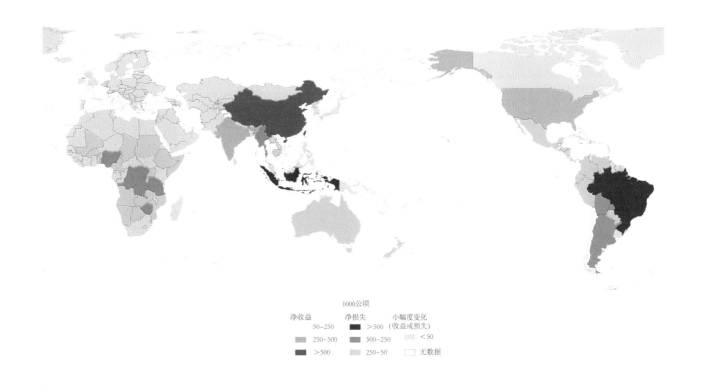

1000公顷

净收益　　　　净损失　　　　小幅度变化
　50~250　　　　>500　　　（收益或损失）
　250~500　　　500~250　　　　<50
　>500　　　　250~50　　　□ 无数据

土壤污染

世界上许多地区的土壤都受到人类活动（如采矿）或与之相关的生态灾难的影响。这些影响之一是污染物的积累，阻碍了生态系统的正常发展或造成了农业和畜牧业的损失。

采矿可能是影响土壤和依赖土壤的生态系统的一个污染源。

1998年4月25日，发生了所谓的**阿兹纳尔库拉尔灾难**。当时，塞维利亚阿兹纳尔库拉尔市附近的洛斯弗赖莱斯矿的一个储存采矿废物的尾矿坝坍塌，释放出数百万立方米的有毒污水和污泥，污染沿着阿格里奥和瓜迪亚玛尔河蔓延了40多千米，到达了**多尼亚纳自然公园**，这座公园被联合国教科文组织列为世界遗产，也是欧洲最大的国家公园之一，从潟湖和沼泽到沙丘和森林，这个地方以其生态系统的巨大多样性而闻名。这里是各种鸟类的家园，在欧洲和非洲之间的迁徙过程中，它们把这里作为一个中转站或停靠点。

废物的高**酸度**导致许多生物体死亡。据了解，在清理过程中，有超过2000只鸟死亡，并收集了约2.5万吨死鱼。如今，受影响地区的一些土壤仍继续受到铅、铜、锌和镉等**金属**的污染。在现场的植物和动物中也发现了这些元素。

阿兹纳尔库拉尔的案例是土壤污染的一个极端例子。但现实情况是，世界上很大一部分土壤均受到各种人为**化学产品**的污染。其来源是多方面的，包括工业活动、农业化学品或废物管理不善。这形成了从石油衍生物、杀虫剂到重金属的一系列**污染物**目录。这一现实情况，无论是吸入这些物质，还是对含水层造成污染，均直接影响到了**人类的健康**。它引起的生态后果也是十分严重的，因为它们改变了土壤的成分，并对生物具有毒性。在极端情况下，会导致负责初级生产的物种死亡，这意味着食物链的崩溃。在轻微的情况下，污染可以从一个物种传播到另一个物种，最终影响到食物链上更高级别的动物。

土壤污染的另一个例子是**盐分的积累**。这个问题通常是由于灌溉系统不良或盐水渗入含水层造成的，最直接的后果是土壤肥力的丧失，因此对农业产生负面影响。

传统上，解决土壤污染的方法是移除受影响的土壤，也可以与未受污染的基质混合以稀释浓度，或通过提高温度、使用水或化学补救措施来促进污染物的排出。这些方法的缺点是改变了土壤结构或促使污染物转移到其他地方。

被污染的土壤和废物可以通过上述方法进行处理，但缺点是价格昂贵，而且涉及被污染材料的移动，对这些区域的处理还存在二次污染的附加风险。因此，目前，从环境方面考虑，往往采用危害较小且更经济的技术。在这种情况下，生物技术提供了最合适的替代方案：植物修复。

什么是植物修复？

相对于清理土壤的物理方法，涉及植物修复的方法正在被推广。这个过程包括使用生态系统中或其中包含的能够清理被污染的土壤、空气或水的物种。研究和使用最多的策略是侧重于使用植物的策略。在这方面，有以下几种策略：

- **植物提取**。这是最著名的方法，包括使用植物的地上部分（如茎或叶）吸收和积累的物质。通过这种方式，在植物生长后，可以将其移除以消除污染物。这种方法也适用于根部。

- **植物脱盐**。这是前一种方法的变种，即使用能够生活在盐碱地中并有助于降低盐浓度的盐生植物对土壤进行处理。

- **植物稳定**。这种方法是基于植物能够吸引污染物并使其靠近根部的特点，从而防止这些元素在食物链上或在环境中移动。

- **植物降解**。这一战略侧重于利用能够降解被称为有机污染物的物质的产酶物种，对土壤进行净化。

- **植物挥发**。这种方法基于利用一些植物吸收和挥发某些金属和类金属的能力。某些元素的离子被植物根部吸收，转化为无毒的形式，随后释放到大气中。

- **植物刺激或根系降解**。这种方法并不总是令人满意的，因为它清除了土壤中释放到大气中的污染元素，这种清除并不彻底。最好的方法是植物生长的根系能够促进根茎层中降解微生物的增殖，在污染物释放到大气中之前将其转化为污染性较低或无毒的成分。此外，植物本身可以分泌可生物降解的酶。

植物挥发

植物提取

植物降解

植物根系提取

植物刺激

植物稳定

植物降解

昆虫的衰落

昆虫是一个异常庞大且多样化程度很高的动物群体。它们几乎存在于所有的陆地和内陆水生生态系统中，尽管在于海洋中不存在昆虫，但在海洋中，它们的近亲——甲壳类动物在许多方面发挥着类似的生态学作用。

在许多其他动物的饮食中，昆虫也是必不可少的，以至于出现了"**食虫动物**"一词，它指的是那些主要以昆虫为食的动物。各种昆虫与其他无脊椎动物一起参与了死亡**有机物的分解**，形成了**营养物质循环**过程的一部分。某些苍蝇和甲虫就是如此，它们将卵产在尸体上，供其幼虫食用。因此产生了一门学科——法医昆虫学，该学科能够通过分析在尸体上发现的昆虫来估计死亡的时间和其他方面的信息。

有时，昆虫会对人类产生危害，从而成为**害虫**。正如某些苍蝇选择尸体一样，其他物种也可能在活体动物的伤口处产卵。一些物种可以传播疾病（如多种蚊子）。气候变化的后果之一是，温度上升将使现在在热带或亚热带地区发现的入侵性害虫物种扩散到更多的温带地区。其他物种，如某些蝴蝶或甲虫，可以攻击农作物并对农业造成影响，不过也有一些昆虫可以帮助控制它们，如瓢虫，它们是蚜虫的捕食者。事实上，在农业中人类使用圈养的捕食者，通过将它们释放到作物上来抑制害虫，这就是**生物控制**。

有许多植物依赖于动物传粉，这种现象被称为动物传粉植物，特别是当这些动物是昆虫时，称

与昆虫的减少有关的主要因素

根据弗朗西斯科·桑切斯–巴约和克里斯·A. G. 威克斯于2019年在《生物保护》上发表的报告，对昆虫消失影响最大的因素如下：

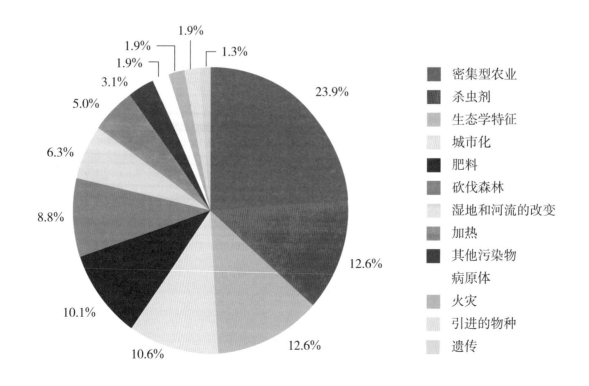

为**虫媒植物**，这种现象非常普遍。因此，**传粉昆虫**对这些植物种群的生存能力至关重要，包括野生和家养的植物。尽管可以被视为人类饮食基础的植物（小麦、大米或玉米等谷物）是风媒性的，即通过风的作用授粉，但许多其他植物是通过昆虫的授粉，这使得传粉昆虫不仅在生态上而且在经济上也十分重要。

最近，一些研究指出，**昆虫数量的下降**令人担忧。据估计，超过40%的物种受到威胁，主要原因是栖息地的丧失和城市化占地以及工业化农业模式的推进。此外，还包括污染，特别是农药造成的污染，病原体和入侵物种的传播以及气候变化等原因。这种下降情况主要发生在欧洲和美国，以及日本等其他一些国家，因为这些地方已进行大量统计研究。尽管我们有理由担心这一趋势是全球性的，但在世界其他地区，信息相对不完整，需要进行更多的研究。

蜜蜂案例

在谈论蜜蜂作为传粉媒介的重要作用时，传粉媒介往往包括家养蜜蜂（*Apis mellifera*）。多年以来，这个物种一直受到**蜂群崩溃综合征**（SCC）的影响，即整个家养蜜蜂群突然死亡。其原因尚不清楚，但研究指出这是由多因素造成的：病原体、遗传变异性的丧失、薄弱的免疫系统和污染物等。然而，蜜蜂是一个拥有数千个物种的昆虫群体，家养蜜蜂只是其中之一，由人类引入世界大多数国家。**养蜂**是一种畜牧业活动，与其他活动一样，会对环境产生一定程度的影响。事实表明，当一个地区有大量的蜂巢时，家蜂会对本地的野生传粉者施加压力，与它们争夺花蜜，这会影响其他蜂种，也会影响蝴蝶、蜥蜴等。但这并不意味着养蜂业本身是负面的，只是应当在自然区的管理中考虑这些潜在的影响，以便在该地区中开展的养蜂活动可以持续。

物种比例

根据世界自然保护联盟（UICN）的标准，处于下降或局部灭绝的昆虫物种比例如下：脆弱物种（减少＞30%）、濒危物种（减少＞50%）、灭绝物种（超过50年未记录）。

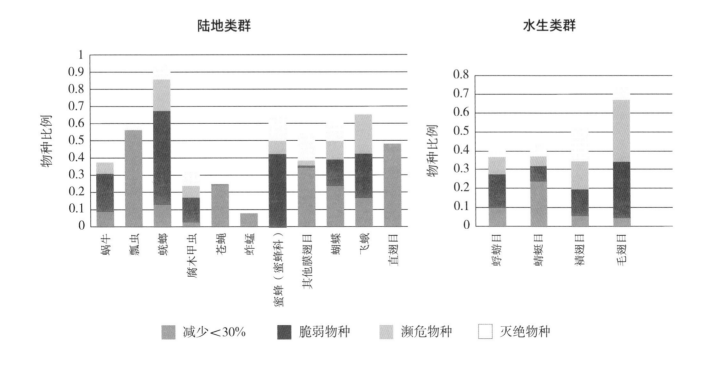

生态恢复

人类活动往往会导致生态系统的退化或破坏。为了解决这一问题，人们设想了多种方法来恢复该地区环境。方法之一是生态恢复，其目的是根据受影响之前存在的生态系统，恢复退化地区的生态系统，但随着时间的推移，该地区的生态系统不一定能恢复到与原来完全相同的状态。

图为阿尔维索沼泽湿地修复的信息海报，它位于美国加利福尼亚州旧金山湾以南的唐·爱德华兹野生动物保护区内。

在生态恢复方法中，人们特别重视支持系统运作的**生态系统过程**。这方面的一个代表性示例是乌姆·内加（Umm Negga）**地区**的恢复，它位于科威特境内，原来是草原（主要由小灌木组成的干旱生态系统构成），在科威特战争之后，由于人们流离失所以及随之而增加的放牧、交通及其他影响，这一大片区域受到严重的破坏，处于近乎沙漠的状态，几乎没有任何植物生存。解决方案是用卡车将数千块直径约为20厘米的**石头**运到现场，并由该地区的工人将它们随机散布在整个土地上。几年后，这个简单的解决方案使原有的生态系统得以恢复。怎么会这样呢？其实，在这种情况下，这片土地仍然保留着旧生态系统的一些"记忆"，即可以从中恢复的某些元素。具体来说，原来植物的种子库留在了土壤中，但风沙和极为干旱的气候条件使它们无法发芽。而石头创造了阴暗的**微环境**，保留了沙子和一些水分，种子可以在其中发芽。因此，解决方案是恢复中断的过程，在这种情况下，促使植物发芽是首要的。

阿蒂基帕的塔拉案例

使用生态恢复方法，须考虑社会方面的因素。由于人类与这些生态系统共存，因此，恢复自然空间不仅需要当地居民的认可，还需要他们的参与。毕竟，其目的是重新建立一个当地人不仅受益，还必须努力保护的自然生态环境。

一个与**当地居民**密切相关的生态恢复案例是秘鲁阿蒂基帕地区的云雾林的生态恢复项目。这个国家的部分海岸以及智利北部的气候非常干旱。然而，来自太平洋的潮湿气团会到达一些山区，这些气团会季节性地随着地势上升凝结成浓雾。

雾是由悬浮的微小水滴组成的，在某些地区，植被会设法用它们的叶子和茎保留这些水滴，然后水滴落到地面上，从而植被获得水，形成了沙漠中间的小树林绿洲：**云雾林**。

在阿蒂基帕地区有一个丘陵地区，其中有一片重要的森林，主要的物种是塔拉（*Caesalpinia spinosa*），这种树木具有很强的保留雾气的能力。然而近年来，农民为饲养牲畜而进行的森林砍伐，导致了高达99%的森林损失，雾气无法被保留，该地区的集水能力显著降低了，这不仅威胁到生态系统，还威胁到当地居民的**水资源**供应。

在这个生态系统中开展恢复项目时，对塔拉树进行的不同科学研究表明，由于其果实具有经济利益，这种树历来受到人类活动的青睐。从基因上看，这片森林中的塔拉与其他绿洲中的塔拉相似，科学家综合其他证据发现，这些种子不是自然散布在其中，而是在印加帝国时期通过人类活动传播的，因为它们的果实是人类饲养的羊驼和美洲驼良好的食物来源，还可以用来制作染料。事实上，塔拉的种子必须首先在酸性环境中浸泡才能发芽，而这恰恰是在动物的胃中消化时发生的。

　　因此，在这种特殊情况下，很显然，塔拉森林必须被视为一个与当地居民密切相关的生态系统而存在，正如我们所见，人类活动影响了塔拉森林的发展，而恢复的基础是农民自己在最适合捕捉雾气的地方种植塔拉。

在澳大利亚需要造林的地区重新栽种树苗。

生态恢复的阶段

　　开展生态恢复分为一系列的步骤，如下图所示，基本上，它始于对退化的生态系统的检测、土地鉴定和项目的实施，而项目的实施又分为不同的阶段。

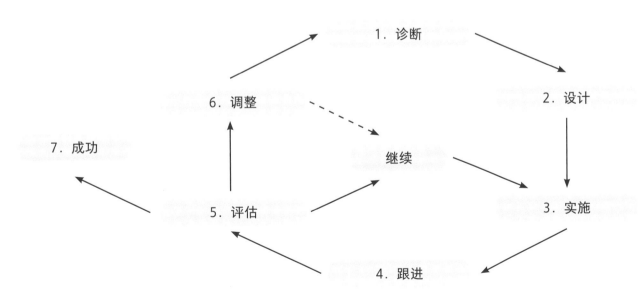

内陆水生系统

　　湖泊和潟湖是生态学家非常感兴趣的内陆水生系统，因为它们构成了一个小世界，生态学家可以相对容易地研究一系列生态系统的动态。这些环境是由盆地中的大量内陆水形成的，被称为静水，而江河中的水被称为激流水。

河流是具有高度动态性的生态系统，与其流经的陆地生态系统建立了重要的生态互动关系。图为捷克共和国的伏尔塔瓦河，这是一条蜿蜒的河流。

　　许多参数值决定了生态系统的特点，以及哪些生物群落可以在其中生存、发展。最明显的是基本成分——水。有些水生生态系统全年都有水，而其他水生生态系统在某些季节会部分或完全干涸。在这种情况下，其中繁衍的生物必须使其生命周期适应环境的季节性变化，或者能够耐受干旱期。温度或盐度是其他重要因素。许多内陆水生生态系统的盐度非常低，也就是通常所说的淡水。然而，也有许多相反的例子，**海滨沼泽**或**潟湖**就属于这种情况，它们是在海水渗入内陆并与溪流或小河带来的淡水混合的地区形成的。它们被称为咸水，但水的盐度往往是可变的，因为全年淡水输入可能是不均匀的。栖息在这些环境中的生物体也必须适应这种环境。当温度非常低时，水生生态系统的**冻结**可能是完全冻结或只有表面冻结，这是要求其中栖息的生物体必须适应的另一种现象。

　　水中的氧气含量也是至关重要的。动物群对这个因素非常敏感，当水中的氧气含量缺乏时，大多数动物将无法生存。然而，有些动物已经形成适应性，例如，蚊子幼虫的腹部末端保持与水面接触，从而能够吸收大气中的氧气。而其近亲摇蚊的幼虫则生活在沉积物中。摇蚊的幼虫是鲜红色的，因为它们含有血红蛋白，与脊椎动物血液中的蛋白质相同，使其能够捕获氧气。因此，这些幼虫由于有很强的捕获能力，从而可以吸收水中稀缺的氧气。

由于受到气候变化的威胁，高山湖泊成为脆弱而独特的生态系统，因为与世隔绝，我们经常在其中发现特有的物种。右图是加拿大新斯科舍省塞布尔岛的泥滩。

摇蚊幼虫带有一种特有的红色，这有助于它们在水中吸收氧气。

水中的氧气含量取决于许多因素：

- **温度**。冷水比温水更适合氧气溶解。
- 如果水几乎**静止不动**，则可能是由于异养生物的呼吸作用导致氧气耗尽，但由于内部存在水流循环，可以使氧气含量低的水与来自地表的水混合，由于与大气接触，表面的水会含有更丰富的氧气。
- 如果水体底部有**沉水植被**，则可以在进行光合作用时产生氧气。
- **水的浊度**和能够到达底部的**光线**是另一个参数，因为这是植物进行光合作用的必要因素。

当水生生态系统中的氧气不足时，众多不需要氧气，即可通过厌氧呼吸生存的微生物将占据主导地位，但会释放各种代谢废物，使环境对动物更加不利。

生物群落的形态也是决定其中可能形成的生物群落的一个基本因素。一个庞大的水体会有更大的弹性，即更稳定，更加能够抵抗干旱、污染物排放或其他干扰的影响。另外，一个小池塘很容易受到干扰。但在一个足够深的湖泊中，不同的深度发生的情况之间存在巨大差异：在上层，微小的藻类会进行光合作用，而在底部，对于自养生物来说太过阴暗，在这里有机物会分解，释放出营养物质，而只有在某些情况下，水域混合时，表面的藻类才能

利用这些营养物质。这意味着与浅水区的循环不同，浅水区光线充足，底部具备植物生长的环境，其水体也更容易混合。水生生态系统的形态会随着时间的推移而变化，尽管其变化速度非常缓慢，甚至在一个人短暂的一生中都无法体会到。对于湖泊水体，随着时间的推移发生**淤塞**十分常见，这意味着流域的深度减少，因为从外部流入的水也带来了沉积在底部的泥沙。如果是位于海岸附近并与大海相连的潟湖，随着时间的推移，沉积物可能最终会堵塞出口并将水体完全隔离。

激流水，即河流和洪流中的水，有其自身的特点。**流体动力学**和水的运动方式是其决定性因素。居住在其中的生物必须适应不断流动的环境，能够在水流中游泳，附着在底层，或占据水流强度较低的空间。河流是复杂的异质空间，有水流强劲的区

水生入侵物种

鲤鱼（*Ciprinus carpio*）是原产于亚洲的鱼类，由于人类活动的影响，已经传播到世界其他地区，被认为是入侵物种。它们搅动底层沉积物，以发现食物，在此过程中，水变得混浊，影响可用的光线，从而影响水生生态系统的整体功能。源自南美洲的布袋莲（*Eichhornia crassipes*），也是其自然栖息地以外的入侵物种。它在入侵的水生生态系统中大量繁殖，直到覆盖整个水面并剥夺底层生物的光照。

鲤鱼

域和水流较为平静的回水区，有湍流区和水流按照层流（没有湍流）移动的层流区，有深水区和浅水区……如同静水一样，一些河流在一年中的某些季节可能会出现水位下降，甚至干涸的情况。此外，由于水的力量拖动沉积物，这不仅会影响河流内部的生命体，而且影响到河流的形态，随着这些沉积物的沉积，河流的形态会发生改变，其他生态系统的形态也会发生变化，例如，当河流携带的泥沙超过了海洋的搬运能力时，就会在河口形成三角洲。在河流中，由于不断的混合，更容易发生水体增氧，但这并不能保证不会发生缺氧的情况。在一些河流中经常出现大量死鱼，这可能是各种原因造成的，专家们有时将其归因于缺氧，例如，水中的有机物突然增加（由于溢出，或由于大雨将遗骸拖入水中），这会导致消耗氧气的分解生物的活动突然增加。

淡水湖生态系统

在具有一定深度的水生生态系统中，大部分的生产活动都发生在受到阳光照射的表水层。产生的一部分有机物最终会在重力作用下沉淀下来，水生环境的分解和运动将部分营养物质送回表面。

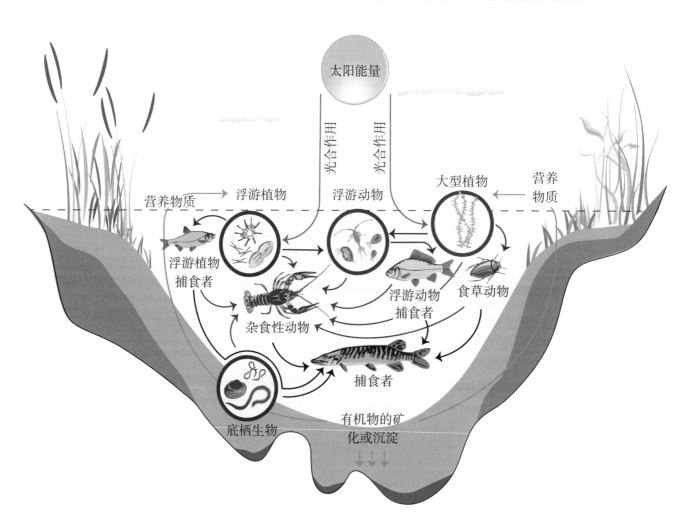

水柱和分层

水柱是了解水生生态系统如何组织和运作的一个重要概念，其中许多环境条件的变化、运动和营养物质的流动是在从底部到表面或从表面到底部的垂直方向上发生的。

要了解水生系统如何运作，有必要谈到**水柱**的概念。在分析一个生态系统的空间结构时，我们可以从不同的角度来看待。例如，我们可以研究它是如何水平排列的：可以由湖底最深的地方（如果足够深的话，光线几乎不会到达）开始，移动到岸边。我们可以在沿途观察到各种变化：当有足够的光线时，会出现藻类和水下植物，当深度充分降低时，可能会出现有浮叶的植物，而在岸边则会出现河边的植被。显然，在每个部分，动物群也会有变化。反之，如果我们站在湖中的一个特定点，从表面到底部垂直观察，我们将穿越生态学家所说的"**水柱**"。在光线较亮的表水层，会有小的浮游生物；根据位置的不同，可能存在漂浮植物。随着深度的下降，光线强度、温度和其他参数将发生变化，因此，我们在水柱的每一层可能发现的生命形式也会发生变化，一直到底部。所有漂浮生活的生物被称为**浮游生物**，我们说它们具有浮游性，而那些能够游泳的生物被称为**自游生物**，生活在底部的生物被称为**底栖生物**。

水柱在某种程度上可以被认为是一个**功能单元**，因为水生生态系统的**营养循环**就在其中完成。在有足够光照的表水层，自养生物进行光合作用。这是生产动物赖以生存的有机物质并产生食物链的场所，不同的物种喜好不同的深度。死亡的有机物（如动物的排泄物或它们的尸体）会下沉，从而在生态系统的深处分解。如果水柱不是很大并且有足够的光照，这里还可以发现植物或藻类，否则就只能消耗在表面部分产生的有机物。因此，通过分解，会释放出光合作用者需要的氮和磷等无机营

水生生态环境

物质，当水体混合时，由于不同的因素作用，这些营养物质会再次上升到表面，从而关闭循环。这种解释有些简化，因为在一个真实的生态系统中，参与食物链的水和动物也存在水平运动。因此，这一切并不真正发生在字面意义上的水柱中。水柱只是一个抽象的概念，用来理解系统是如何在其垂直维度上组织起来的。

有了这个清晰的思路，我们就很容易理解水生生态系统中的一个重要现象：分层。影响水密度的两个主要因素是温度和盐度。冷水的密度比热水大，在4℃时达到最大值。另外，溶解盐分多的水比盐分少的水密度大。因此，在某些情况下，可能会发生水柱中的不同水层，根据其密度，不同深度的水层彼此不混合。例如，当表层水在夏季接受大量热量，在一定深度的水层升温时，就会出现这种不混合的情况，直到冬季寒冷的天气和冷风导致混合。当咸水生态系统接受淡水输入时，如河口附近

的海水也会产生以上情况，反之亦然。我们将不同密度的水层之间的分离称为**密度跃层**。由于温差引起的密度跃层称为**温跃层**，由于盐度引起的密度跃层称为**盐跃层**。

有时，当潜水员处于密度跃层时，他们有一种"在空中潜水"的感觉，因为他们可以看到稠密水体的表面是如何延伸到上层水体之下的；就像湖泊或海洋的表面在空中延伸一样。分层的存在对生态系统具有重要意义。例如，当混合水体被破坏时，气体的扩散更加困难，与光合作用者在表层产生的氧气一样，分解者在底部释放的营养物质也无法被浅层的光合作用者获得。

湖水的分层

从《大英百科全书》的这幅插图中我们可以看到，夏季湖泊发生分层，秋季和春季整体发生翻转，在冬季，湖面上的冰阻止了风进一步混合。

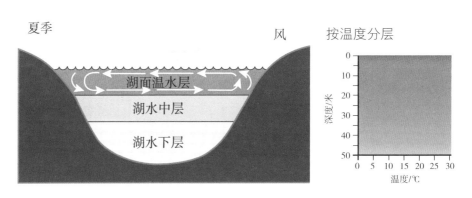

按季节分层

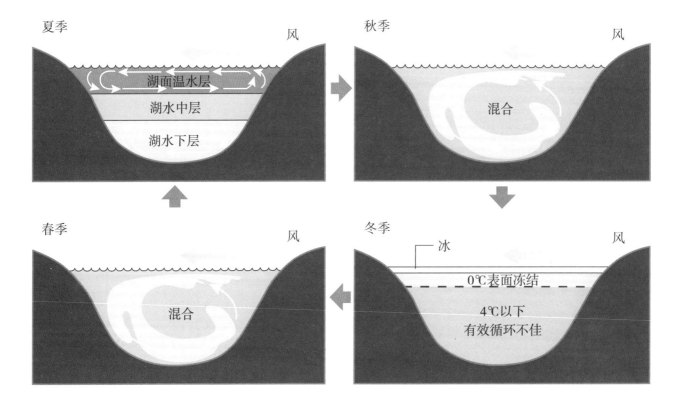

河流和湖泊的污染

人类社会的发展产生了各种各样的污染物。其中许多污染物未经妥善处理，进入世界各地的河流和湖泊，直接影响构成其生态系统的各种生命形式。

西塔鲁姆河是位于印度尼西亚爪哇岛上的一条大河。它被列为世界上污染最为严重的河流之一，这是因为其水域接收了900万人产生的污水和垃圾。由于垃圾的数量巨大，有些人甚至以收集塑料容器出售为生。但大部分**污染**来自以纺织行业为主的数百家工厂，它们排放的**废水**中含有铅和汞等**重金属**以及**亚硫酸盐**等其他有毒物质。这些行为造成了从生态系统的崩溃到农业经济损失乃至对人口健康的影响。因此，在2018年2月，印度尼西亚政府宣布了一项以清理河流为目标的7年计划。然而，该项目面临多个问题，例如缺乏资金和腐败。

富营养化

西塔鲁姆河的案例是一个极端的例子，说明如果没有进行适当的处理，河流会被污染到何种程度。根据**联合国环境规划署**（PNUMA）的数据，世界上80%的废水没有得到适当的处理，特别是在发展中国家。除了城市和工业污染以外，还必须考虑到农业和畜牧业生产造成的污染，后者的主要问题来自**化肥**和**牲畜粪便**的使用，其中含有高浓度的硝酸盐和磷酸盐。这就是所谓的**富营养化**现象的起源，当水生生态系统被大量可被光合生物吸收的营养物质或可分解释放这些营养物质的有机物污染时，就会发生富营养化。这些条件会导致靠近水面的微型藻类大量繁殖，吸收了到达该生态系统的大部分光线，并阻止了底部植物的光合作用。有机物

富营养化

自然状态
1. 光线可以通过。
2. 氧气、光线和食物保持平衡。
3. 深层有鱼类生存。
4. 分解细菌发挥作用。

富营养化
1. 光线难以通过。
2. 营养物质的积累导致植物和藻类过度生长。
3. 缺少氧气。
4. 鱼类死亡，无法分解，释放毒素。
5. 因缺氧而产生过量废物。

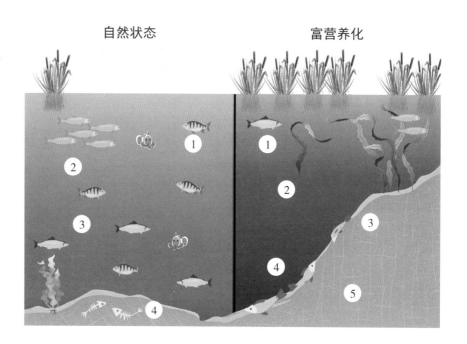

自然状态　　　　富营养化

的增加导致呼吸作用的增加，从而导致氧气消耗的增加，而在生态系统深层的氧气可能被耗尽，同时也导致二氧化碳浓度的增加，这将增加水的酸度。因此，不仅是植物生命，动物也将受到严重影响。

琵琶湖（LAGO BIWA）的案例

过去，主要的污染源是肥皂和洗涤剂，它们通常含有大量的磷，这是造成富营养化的主要原因。一个特别著名的案例发生在日本最大的湖泊——琵琶湖。在20世纪70年代初，由于某些肥皂对皮肤的伤害，一场家庭主妇运动开始了；然而，在1977年，由于湖水的富营养化，导致湖中有毒红藻大量繁殖，这场运动将重点转移到严重的环境问题上。1978年，"琵琶湖水生环境保护公民论坛"成立。几年内，这场运动蔓延到全国各地，并成功地促使日本政府制定了控制日本湖泊污染的法律和计划。

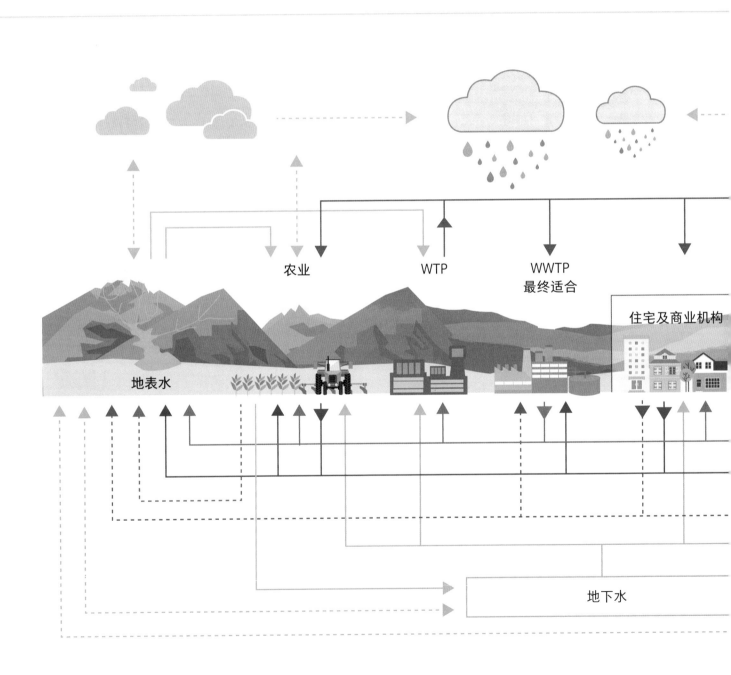

新兴污染物

随着**水净化**系统的实施以及农业和畜牧业的影响逐渐减少，世界上的一些河流和湖泊正在恢复其自然状态。然而，科学和技术的进步导致了众多**新物质**的出现，它们过快地进入生态系统。据称，全球约有840万种物质在市场上销售。这些物质中包含了一些被称为新兴污染物的物质，虽然没有被直接认定为污染物，但必须研究其对环境的潜在影响。

药物属于被研究最多的**新兴污染物**。这些物质存在于城市废水中，它们在被我们的身体代谢后排出，在到达水处理厂时，由于所使用的技术无法将其完全消除，因此未能消除的部分最终进入河流。例如，在西班牙多纳纳国家公园的水域中至少检测到15种化合物，其中包括多种抗炎成分，如萘普生、水杨酸、抗生素、激素甚至咖啡因。然而，它们的存在并不意味着对人类健康或环境造成直接风险，因为其浓度很低。此外，环境的特征，如水体

水

地球上所有的水生系统都通过水循环联系在一起，这就是陆地上产生的污染最终会影响海洋和地下水的原因。

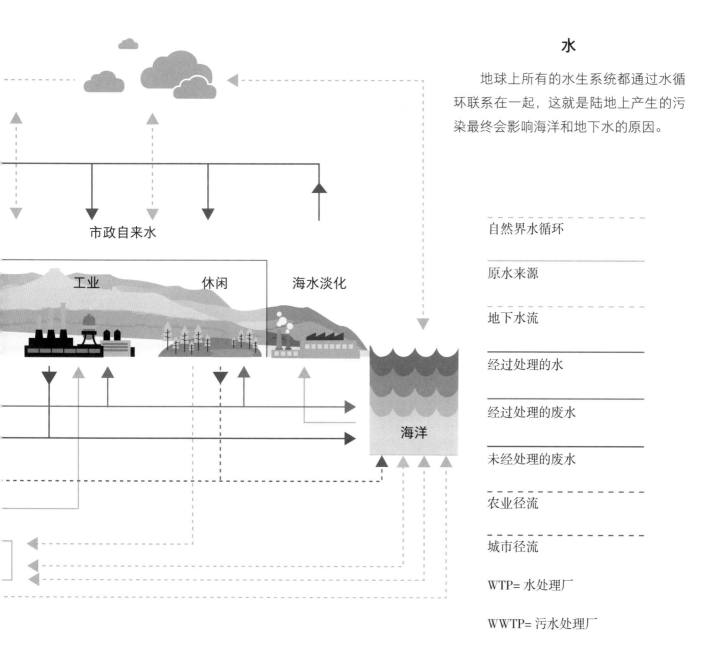

市政自来水

工业　　　休闲　　　海水淡化

海洋

自然界水循环

原水来源

地下水流

经过处理的水

经过处理的废水

未经处理的废水

农业径流

城市径流

WTP= 水处理厂

WWTP= 污水处理厂

污水处理

该示意图代表了全球废水的生产和处理。该系统对于防止大陆和海洋水域的污染至关重要。不幸的是，废水处理并没有在全世界所有国家实施。

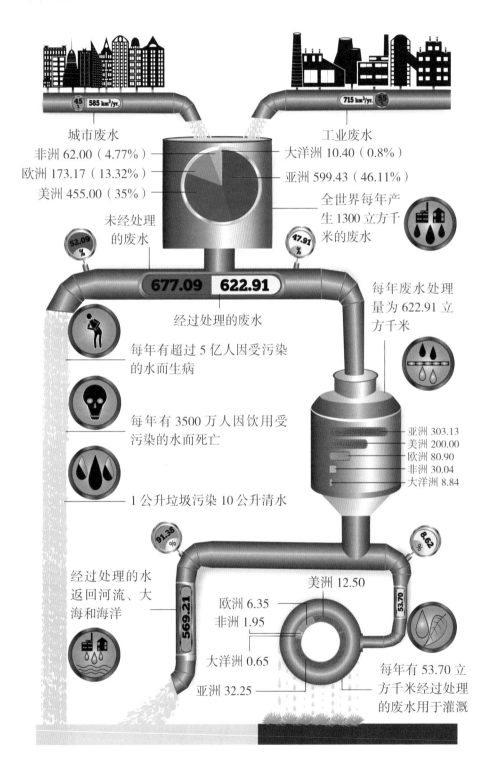

城市废水
非洲 62.00（4.77%）
欧洲 173.17（13.32%）
美洲 455.00（35%）

未经处理的废水

52.09%

677.09   622.91

经过处理的废水

每年有超过 5 亿人因受污染的水而生病

每年有 3500 万人因饮用受污染的水而死亡

1 公升垃圾污染 10 公升清水

经过处理的水返回河流、大海和海洋

569.21

91.38%

欧洲 6.35
非洲 1.95
大洋洲 0.65
亚洲 32.25

美洲 12.50

53.70

8.62%

每年有 53.70 立方千米经过处理的废水用于灌溉

工业废水
大洋洲 10.40（0.8%）
亚洲 599.43（46.11%）

715 km³/yr.

585 km³/yr.

全世界每年产生 1300 立方千米的废水

47.91%

每年废水处理量为 622.91 立方千米

亚洲 303.13
美洲 200.00
欧洲 80.90
非洲 30.04
大洋洲 8.84

的流动等，将制约化合物可能产生的作用。

尽管这些物质的含量很低，但科学界一致认为，应当监测这些物质的浓度，了解它们在环境中的演变，并评估它们对物种构成的风险。例如，目前正在研究药物的存在如何影响鱼类的发育和行为。实验室研究表明，欧亚鲈鱼（*Perca fluviatilis*）在接触到奥沙西泮时变得更加活跃和莽撞。这意味着可能会对生态系统产生负面影响，因为通过改变鱼的行为，可能会影响生活在生态系统中的物种之间的平衡。另一个需要考虑的方面是新兴污染物通过食物链传播的可能性。在这方面，科研人员研究了百忧解对椋鸟（*Sturnus vulgaris*）的影响。结果显示，椋鸟的食欲降低，雄鸟对喂食百忧解的雌鸟失去兴趣。

我们必须考虑到陆地水生生态系统与充当"下水道"的海洋生态系统的联系，海洋生态系统起着汇合作用。关于不同的影响（农业、畜牧业、工业等）的研究，请参见第82页"农业"和第84页"畜牧业"。

水资源的开发

纵观历史，河流和湖泊的利用始终与能源生产、河流运输或废水排放等工业问题以及开发用于农业生产和畜牧业的供水有关。所有这些活动都对水生生态系统产生了重大影响。

从历史上看，建造水电站大坝一直是许多国家寻求发展经济的目标。这是一种基于将水能转化为电能的模式。通过这种方式，河流的自然走向和水位的差异被用来以无污染的方式产生能量。然而，这项活动对环境产生了其他影响。

阻止河流的流动会对沉积物的运输产生直接影响，这是这些系统的基本作用之一。水携带着泥沙流向大海，并在大海中沉积。这一过程对于维持沿海生态系统（如三角洲和海滨沼泽）是至关重要的。此外，在雨季，当河水流量增加，并携带更多的沉积物时，被淹没的土地则会从中获得更多的营养物质。这就是这一功能对农业也具有积极意义的原因。但是，水坝的建设阻碍了这种运输。例如，亚马孙流域目前有140座大坝在运行，未来预计将超过400座。2017年6月发表在《自然》杂志上的一项研究分析了亚马孙流域所有大坝的整体影响。亚马孙河水每年将8亿~12亿吨的沉积物输送到海洋，这些沉积物滋养了珊瑚礁和红树林。而这些大坝可能会导致原有沉积物的60%流失。

除了这种对水资源的开发和利用以外，水坝还有其他更为传统的用途，例如易于捕鱼。但由于其他因素的影响，包括污染和入侵物种的引入，这些活动正处于危险之中。根据2019年发表在《全球变化生物学》上的一项研究，体重超过30千克的大型鱼类正在减少。具体而言，1970~2012年大型鱼类减少量超过了94%。这意味着资源的丧失，例如对奇努克鲑鱼的捕捞，作为太平洋中最大的鲑鱼，这

全球水需求

这些来自国际能源署（AIE）的统计表显示了2025年和2040年各行业的预计用水量和抽取量。对水资源的大部分需求预计仍将集中在农业用水方面，这就是为什么必须寻求一种模式，以确保这一重要资源可持续利用的原因。信息摘自联合国《2019年世界水资源发展报告：不让一个人掉队》。

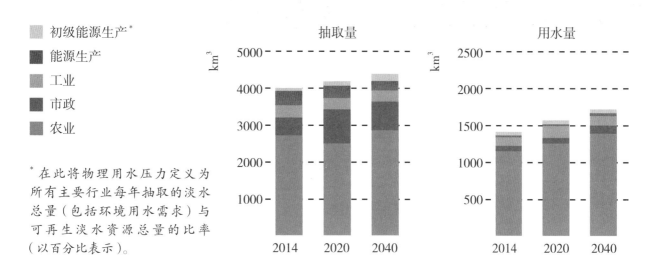

初级能源生产*
能源生产
工业
市政
农业

*在此将物理用水压力定义为所有主要行业每年抽取的淡水总量（包括环境用水需求）与可再生淡水资源总量的比率（以百分比表示）。

水库的影响

动态平衡中自由流动的河流

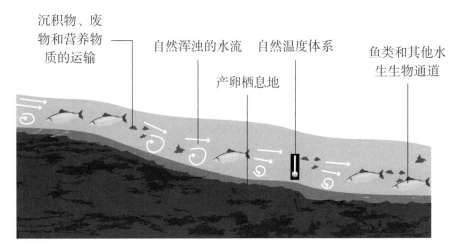

蓄水河

搬运的影响

　　减少：自然功能、水质、氧气、浊流、循环、可用的栖息地河流水平和垂直方向的调整能力（降低对变化的抵抗力）

　　增加：污染物的积累、分层、温度、藻类大量繁殖

　　损失：具有自维持性质的沉积物、营养物和废物的自然运输过程

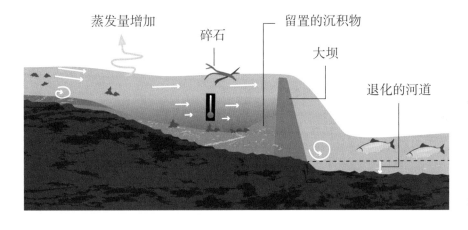

下游影响

　　降低：水质和河床海拔

　　改变：流态和温度

　　缺乏：沉积物、营养物和碎石（栖息地的构成要素）

　　修建水电站大坝往往被认为是一种可持续的能源获取方式。然而，在停止或减缓河流流动的同时，会导致其动态和功能也被改变。这样一来，依赖河流的生态系统就会受到影响，造成栖息在其中的物种减少，并丧失其提供的生态系统服务。

　　一物种备受推崇。它们出生在河流中，然后迁移到海洋，大部分时间都在海洋中觅食和生长，然后再回到它们出生的地方繁殖和死亡。然而，水坝的存在使它们难以到达这些地点。类似的情况也发生在剑鱼身上，这种鱼可以长到2米长。为了繁殖，它从亚马孙河口行进3000多千米，到达玻利维亚的马莫雷河，在那里，它们是当地居民的重要资源。然而，如今在玻利维亚和秘鲁，这一物种已经濒临灭绝。研究人员认为，原因就是巴西在马德拉河上修建了两座水坝。

　　因此，为了恢复河流提供的资源，正在推进水坝的拆除工作。例如，在美国，近几十年来已经拆除1200个河道屏障，并且正在对大坝进行调整，以允许鱼类通过。在某些情况下，如果建筑太高，则会安装阶梯形水池，以便鱼类可以越过障碍物。在另外一些情况下，还会将鱼诱捕后用卡车或直升机从一个地点运到另一个地点。

咸海的消失

当人类对水资源的开采达到极限时，水源枯竭则可能会发生。位于哈萨克斯坦和乌兹别克斯坦交界处的咸海湖即是如此。其面积为6.8万平方千米，原为世界第四大湖，其水域中分布着1000多个岛屿。然而，今天它的大部分地区都被阿拉尔库姆沙漠覆盖。由于注入该湖的河流改道，咸海自1960年起一直在缩小。到1997年，已经缩减到4个湖泊，这些湖泊的总面积只有原来的10%。2014年8月，美国宇航局拍摄的卫星图像显示，咸海有史以来第一次完全干涸。

咸海的消失被列为地球上最严重的环境灾难之一。问题的根源在于苏联政府在20世纪60年代启动的农业计划，该项目涉及将河流带入湖中的水引向农田，以鼓励棉花生产。这使乌兹别克斯坦成为主要的棉花出口国，但该计划也导致了水生生态系统的崩溃。除了栖息地的丧失，随着水被抽走，湖泊和土壤中的盐度和污染物浓度也在增加。此外，还导致该地区的渔业崩溃，产生了贫困。除了这些影响以外，对健康的影响也不容忽视。这片土地现在是一片沙漠，遗留下了杀虫剂等污染物，沙尘暴发生时还会对居民产生影响。

淡水是社会的一种重要资源。根据联合国于2018年发布的《2018年世界水资源开发报告》，人类每年用水量的70%用于农业，20%用于工业，10%用于家庭生活。这种对水资源的开发利用在很大程度上是不充分的，在许多地区造成了严重的问题。据估计，水资源短缺每年会影响世界三分之二的人口至少1个月。这种管理不善的情况发生在对地表淡水和地下水的使用中，两者在大陆水中占据很大比例。随着人口的增加，我们的水足迹（直接和间接用水的指标）将越来越大。因此，我们必须致力于水生生态系统的可持续管理和恢复（见第106页"生态恢复"）。

按国家划分的水足迹

水足迹
（人均立方米/年）
- 550~750
- 750~1000
- 1000~1200
- 1200~1385
- 1385~1500
- 1500~2000
- 2000~2500
- 2500~3000
- >3000
- 无数据

该地图显示了1996~2005年按国家划分的全球水足迹。以绿色显示的国家是世界平均用水量最低的国家。相比之下，以黄色、橙色和红色显示的国家的水足迹高于世界平均水平。信息摘自联合国教科文组织发布的《国家水足迹报告：生产和消费的绿色、蓝色和灰色水足迹》。

生态恢复

陆地水生生态系统极其脆弱，并受到多种威胁的影响，包括污染、入侵物种的引入、由于不同目的的用水或环境改变而导致的供水变化等。通过生态恢复，我们可以为退化的水生生态系统提供解决方案。本节将介绍了一个成功而有趣的河流修复案例。

一条河流由于其水流的侵蚀力，形成一条很深的河道，我们称此类河流为**嵌入式河流**。这种现象十分常见，而且可以**自然**发生，具体取决于气候（降雨模式）、该地区的地质条件和河岸植被（以其根部限制侵蚀并保留泥沙）。然而，河流的嵌入也可能**由于人类行为**而引发或加速变化，特别是当其涉及以下因素的改变时：土地使用的改变、河岸森林的变化、对河床的干预等。嵌入过程可能会导致环境中存在的**生态系统退化**。尽管非嵌入式河流可以为周围的陆地生态系统提供更多的水，甚至在洪水发生时产生小洪水，但在嵌入式河流中，水会像运河一样流过。此外，周围植被的丧失意味着对河流本身供应的有机物质减少，加上其流体动力学的变化，将影响到能够居住在其中的生命。在某种程度上，可以说嵌入式河流与周围生态系统缺乏联系。

在美国俄勒冈州的桥溪，有一个生态系统嵌入和退化的案例。具体原因尚不完全清楚，但其中一个后果是，这里成了不适宜虹鳟鱼（*Oncorhynchus*

河狸的栖息地

河狸在溪流中修建堤坝，形成大水池，并在其中用软泥和树枝建造洞穴，以躲避捕食者。

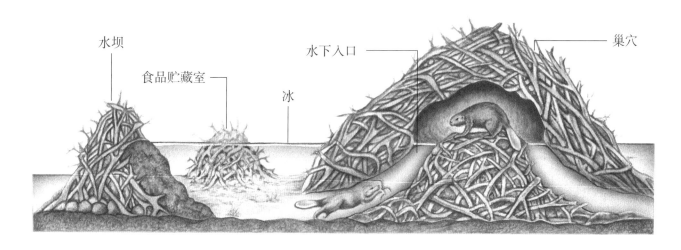

水坝

食品贮藏室

冰

水下入口

巢穴

mykiss）居住的环境。虹鳟鱼是一种具有经济价值的物种，尽管其在被引入世界许多国家之后，都被列为入侵物种，但在其原产国——美国，仍是一个受威胁的物种。因此，当地希望将生态系统恢复到河流嵌入之前的状态，使其重新适合虹鳟鱼和其他鱼类生存。

改变河流的形状似乎是一项大工程，在某种程度上确实如此。然而，正如其他生态恢复的案例一样，重要的是对相应的问题采取行动，在这种情况下，其根源问题是由于形成嵌入的河水产生了侵蚀。必须确保河水携带的沉积物沉积在河床中，将其填平，从而使河流变浅变宽，并使原来的河岸植被得以繁衍。但是，传统的溪流恢复技术可能会造成破坏，而且成本很高，因此工程人员研究了替代方案，以确保在不损害生境的情况下实现目标。

为了实现这一目标，人们求助于当地存在的动物"工程师"——河狸。这种动物是"生态系统的工程师"，即该物种的行为可以显著改变一个生态系统的形态（见第17页"什么是生态系统？"和第20页"生态系统的调节"）。在桥溪，一小部分河狸在溪床中筑起了水坝，年复一年，但当河水泛滥时，这些水坝会被水流的力量摧毁。解决方案是在沿河的不同地点打入一排木桩，一部分木桩用于加固现有的水坝，另一部分木桩则为河狸建造新的水坝提供坚实的支撑点，以抵御洪水的侵袭。目前，河狸筑造的水坝产生的回水能够积累水流携带的泥沙，逐步抬高河床，减缓水流，使周围地区的植被重新生长，而植被的根部又会加强这种效果，并为河狸创造一个更有利的环境，从而使河狸的数量增加，以建造更多的水坝。通过这种方式，生态系统形成了一个正反馈循环（见第20页"生态系统的调节"），变为一个新状态，虹鳟鱼等物种能够重新在此定居。

桥溪

河狸被称为"生态系统的工程师"，因为它们可以寻找筑坝材料（如砍伐并运输树木来修筑堤坝），从而通过机械手段改变环境。

洪水泛滥期间的水流压力可能会破坏或冲垮河狸修筑的水坝。

2012年，由于水坝寿命短而且数量增长缓慢，桥溪的河狸数量很少，但其重要性不容忽视，即使是废弃的水坝也能减少侵蚀并帮助保留沉积物，因此，专家们设计了一种建立多个水坝的方法，以维持更大、更健康的河狸群落。

人们选择合适的地点，每隔1米设置一排2米长的木杆，且对附近地貌没有影响，以便河狸可以在此修筑稳固的水坝。这样建立的水坝允许河水流动，但减少了水流的力量，因此泥沙在河床中积聚。河狸和植被在这次恢复中起到了至关重要的作用。

海洋

海洋含有地球上97%的水，地球表面大部分被海洋覆盖。由于其规模巨大，我们可以将海洋划分为不同的区域，每个区域都有其独有的特征和生态系统。生命最初是在水中出现和发展的，这就是我们在海洋中发现大多数形式生物体的原因。

地球上绝大部分的水都存在于海洋中。据估计，海洋的含水量约为13.5亿立方千米，海洋总面积占地球表面的71%。由于其庞大的规模，**海洋**是**碳**等元素循环的一个重要组成部分，也是大气气体的大型**储存库**。此外，它们还充当了一个大型储热库，因此，海洋在气候控制方面也发挥着重要作用。

区域

海洋由几个区域构成，每个区域都具有各自的特点。

1. **远洋带**。它是大陆架以外的海洋区域，涵盖了整个水柱（见下页图）。根据深度和光量，可以细分为以下几个区域：

- **透光带**，又称表层水带，深度为200米，是光线到达最多的地方。随着水柱不断深入，光照度逐渐下降，直到几乎没有光照的区域，在这里，光合作用为零。

日光区的生命

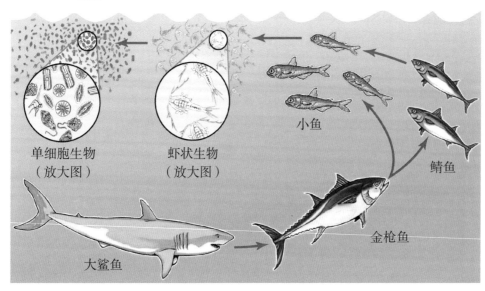

阳光

单细胞生物（放大图）

虾状生物（放大图）

小鱼

鲭鱼

金枪鱼

大鲨鱼

在透光带，由于阳光的照射，浮游植物的种群得以发展，从而为食物链的其他角色提供养料。在《大英百科全书》的这张图中，我们可以看到微藻如何成为浮游动物的食物，而浮游动物又被鱼吃掉，鱼成为大型动物的猎物。

- **深海带**，代表很深的区域（4000～6000米），但还存在更深的点。位于太平洋的马里亚纳海沟深达10971米，被认为是世界上最深的地方。

2. **底栖带**。在远洋带以下，从沿岸地区到最深区域的海洋底部，我们称之为底栖带。这个区域以海底和洋底为代表。此外，由于潮汐效应，海洋对被称为沿岸地区的生态系统产生了很大影响。

这个环境是23万多个物种的家园，尽管据估计其数量可能达到200万，但大部分**生物多样性**都集中在透光带，因为**光照**的存在能够使光合生物得到更大的发展。在这一点上，应当强调**浮游植物**作为初级生产者的作用，这使其成为许多海洋生态系统的关键部分。尽管其代表有时只是0.02微米大小的生物体，但这些微生物以及细菌和病毒构成了海洋生物总量的70%。

海洋生物的形式

地球上没有哪个地区比海洋更具生物多样性，人们在海洋生态系统中发现了更多种类的生命形式。这是因为，最初大多数进化分支始于海洋栖息地。大多数动物**门类**都存在于海洋环境，而不是陆地环境中。

这些生命形式独特的例子包括海绵、刺胞动物（珊瑚和水母）和棘皮动物（海胆和海星等）。在这种环境下，一些群体发生了巨大的进化，如头足类动物（乌贼和章鱼）、甲壳类动物、鱼类和鲨鱼。

其他曾经代表陆生系的动物已经适应海洋生活。这方面最好的例子是鲸类动物，其中蓝鲸最具代表性，它是有史以来最大的动物。这种生物多样性很好地适应海洋环境的其他例子有海龟、海豹和企鹅。

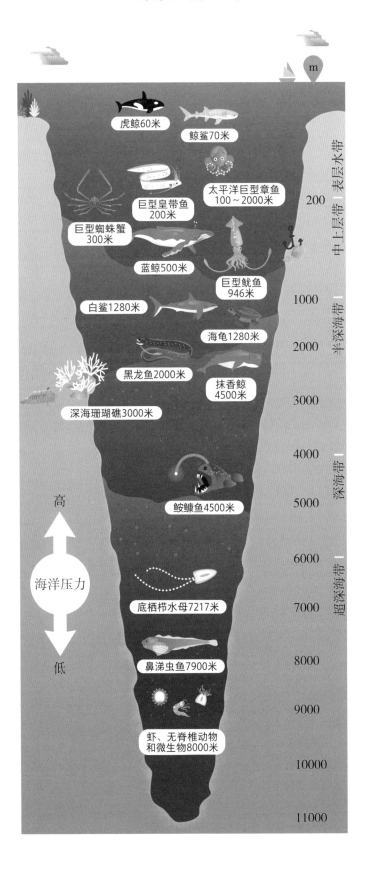

海洋区域和生命

海岸

海岸是陆地和海洋环境的交界地区，两者产生了大量的相互作用，形成了高度动态的生态系统，这种生态系统极具科学价值。

沿海生态系统可以存在多种形式，这取决于**基质的性质**，例如，基质可以是沙质、岩石或泥土；或者取决于其**形态**，悬崖与平地不同，海角与海湾不同，沙少的海滩与沙多的海滩不同，因为在那里可以形成复杂的沙丘系统。**潮汐**的大小或诸如河流或潟湖等淡水**出口**的存在，是能够影响沿海生态系统建模方式的其他方面。

尽管沿海生态系统如此多样，但作为一个共同点，我们可以观察到植物群落是如何在空间上组织成与海岸线平行的"带状"，因为各种条件会根据与海岸线的距离而变化。这在按以下顺序发展的沙

沿海地理学

海岸是陆地和海洋之间的过渡环境，其特征会因地貌在内的多种因素而存在很大差异。

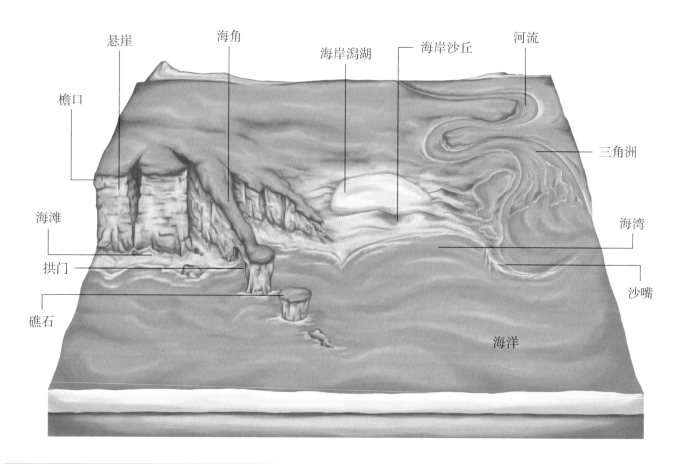

悬崖　海角　海岸潟湖　海岸沙丘　河流　三角洲　檐口　海滩　拱门　礁石　海湾　沙嘴　海洋

潮间带有非常多样化的动物群，既有长喙的鸟类在沙地上觅食，也有甲壳类动物或能够紧紧吸附在岩石上以避免水冲击危险的动物。

丘系统中尤为明显。

- **胚胎形沙丘**，这些沙丘在最靠近海岸的地带形成，这个区域最容易受到将沙子带入内陆的风的影响。
- **流动沙丘**，是在胚胎形沙丘之后的沙丘，其基质不稳定，这类沙丘内主要生长着生命周期短的植物，如蓟、百合或适应这些环境恶劣条件的禾本科植物。
- **沙丘后地带**，更能防风和防溅，在其中可以发现小灌木和其他小型植物。
- **固定沙丘**，具有更加稳定的基质，由于海风的影响，这类沙丘内长有较大的灌木和矮小的树木。这些木本植物有强大的根系，有助于固定沙子。
- **化石沙丘**，是固定沙丘之后的沙丘，沙丘上生长着森林。化石沙丘是在几千年或几百万年前形成的沙丘。在其他情况下，如果由于地形的特点，有淡水输入或海水渗入，则可能存在水生系统或洪泛区。

显然，这是一个简化的**理想化**状态，而现实情况往往更加复杂，会根据当地条件而变化，但它说明了植物群落是如何在垂直于海岸线的几米空间内发生变化的，以适应物理环境中非常微妙的变化。岩石海岸也会有类似的情况，然而在岩石海岸上生长的植物群落十分不同。

潮间带

潮间带是一个极具动态性的区域，由涨潮和退潮之间的地带组成。由于**潮汐**的影响，这个区域每天都会暂时被水覆盖，而其余时间的情况则相反。因此产生了**独特的条件**，许多物种通过遵循不同的策略来适应这些条件。沙滩的潮间带栖息着大量在退潮时被掩埋的蠕虫和双壳类动物。涉水鸟常来这里觅食。它们有细长的喙，有时略微弯曲，特别适合穿透潮湿的沙子和泥浆，捕捉躲避在其中的小型无脊椎动物。它们往往还长着长长的、高跷般的腿，使它们能够在被淹没的空间内行走而不弄湿羽毛。

在岩石海岸，我们可以发现，这里的藻类和动物已经发展出**适应能力**，可以牢固地附着在岩石上，当暴露在阳光下时，它们能够抵御干燥，还能够耐受海浪的冲击。**帽贝**就是这种情况，它是一种与蜗牛同属一类的软体动物，以藻类为食，当水退去时，它们会牢固地黏附在岩石上，受到其外壳的保护。**海橡子**和**藤壶**也生活在这里，它们是通过过滤海水来觅食的甲壳类动物。**退潮**时，在这些沿海地区可以发现一些水坑，螃蟹、海胆或虾虎鱼等动物被困在其中。这些不起眼的水坑往往受到自然学家的高度评价，因为它们提供了观赏这些生物的可能性。

海洋区域

由于海洋环境的规模很大，人类根据海洋环境特征将海洋划分为多个区域。这些区域差异决定了能够生活在这些区域中的生物体的类型，这就是形成不同的生态系统的原因。

什么是底栖区？

底栖区是由水柱的下层、沉积物表面和一些较低的沉积物层组成的区域。这个区域从海岸的潮间带开始，一直延伸到深海平原。

底栖区是许多生命形式的生物的栖息地，它们适应了在**海底**生活。根据其生活的地方，底栖生物可以分为两类：

- **表层动物**，是那些生活在海底的生物；以掠食性动物为代表，如鳐鱼和章鱼。
- **底层动物**，生活在水底土壤中的动物。如蛤蜊或多毛类动物，它们在沉积物中定居。

在光照不足以维持初级生产者的地方，主要食物来自上层水柱。

底栖生物多样性

在底栖区，动物拥有适应在海洋沉积物中生活和觅食的能力。在表层动物中，我们可以发现带有伪装的扁平动物，这些动物在海底很容易被忽视。此外，一些底层动物物种具有过滤水的器官。

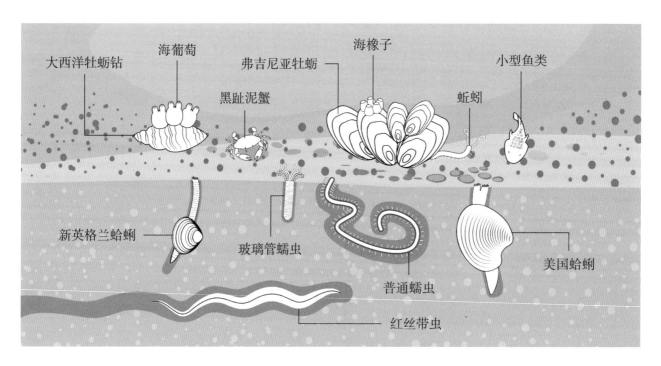

海草场

　　形成这些底栖生态系统的基础是过去适应在海中生活的**陆地物种**繁衍的植物。它们既富有生产力又极具多样化，是各种海洋动物的家园。海龟、儒艮和草食性鱼类都以这些植物为食。许多鱼类和无脊椎动物将这些区域作为其幼崽的避难所。产生海草的**植物物种**被视为"**生态系统工程师**"（见第106页"生态恢复"）。它们的根茎可以稳定沉积物，减少侵蚀。海草可以捕获悬浮颗粒，使水变得更加洁净，并促进光合作用，最终促进水体和底栖动物对二氧化碳的吸收和氧合作用。

　　死亡和分解的有机物从这些区域下降并向深处移动。这就是所谓的**海洋雪**，它维系着大部分的底栖食物链。因此，这个区域的大多数生物都是**清道夫**或**食腐动物**。例如，海参通过过滤沉淀在沉积物中的物质来进食。

珊瑚礁

　　当光线和物理条件有利时，底栖生物物种会十分丰富。珊瑚礁就是这种情况，它是由**珊瑚**形成的生态系统，与形成**碳酸钙**结构的藻类共生（见第26页"物种的关系"）。它们占海洋生态系统的0.1%，但据估计，它们至少是25%的海洋物种的家园。这些生态系统的结构巨大、复杂，允许多种栖息地的存在，从而促进形成了高度的**生物多样性**，这使得生物学家常把它们与热带雨林相提并论。

　　此外，珊瑚礁通常是**非常古老的生态系统**。其结构大多是在最后一个冰川期形成的，因此，这些结构存在的时间不到1万年。其中最引人瞩目的是澳大利亚的**大堡礁**，大约有2万年的历史。其长度超过2300千米，由大约3000个珊瑚礁和900个岛屿组成。因其体积巨大，甚至可以从太空中看到，这使其成为世界上由生物体形成的最大结构。

什么是远洋带？

　　远洋带是指在大陆架以外的海洋或开阔海域。该区域是最大的海洋生态系统，其面积约13.3亿平方千米。根据深度和其他物理特征，远洋带可以分为几个区域。

　　我们可以把远洋带想象成一个**圆柱体**，从表面几乎延伸到底部，也就是底栖动物所在的地方。从这个圆柱体的顶部向底部移动，**压力**逐渐增加，**温度**逐渐降低，**光照**会越来越少。根据这些特征，并结合**深度**，远洋带可垂直划分为4个区域：

* **表层水带**，即从表面到200米深的区域。在这个区域中有足够的光照来进行**光合作用**，所以几乎所有的海洋初级生产都在这里发生。据估计，90%的海洋生物都集中在这一区域。生活在透光带的代表性生物体有浮游生物、水母、金枪鱼、鲨鱼和海豚等。**浮游植物**是远洋生态系统赖以存在的基础，它们通过光合作用产生有机物。这种生产维系了丰富的小型无脊椎动物群落，其中最主要的物种是作为小型和大型动物食物的**磷虾**。一些鱼类，如鲱鱼和凤尾鱼适应了长时间的洄游以捕食浮游生物。这些物种又成了大型捕食性鱼类、鸟类和海洋哺乳动物的食物。

什么是远洋区？

在远洋带，我们可以发现各种变化，并据此确定了30个远洋区。每个远洋区都存在影响初级生产的温度等物理参数的因素，因此，这些区域的渔业资源也有所不同。

1. 厄加勒斯海流
2. 南极
3. 南极锋
4. 北极
5. 本格拉洋流
6. 加利福尼亚海流
7. 加那利海流
8. 东热带太平洋流
9. 大西洋赤道潜流
10. 太平洋赤道潜流
11. 几内亚洋流
12. 墨西哥湾流
13. 洪堡海流
14. 北印度洋洋流
15. 南印度洋洋流
16. 黑潮海流
17. 露纹洋流
18. 马尔维纳斯寒流
19. 西南太平洋洋流
20. 北大西洋洋流
21. 北中大西洋洋流
22. 中北部太平洋洋流
23. 北太平洋洋流
24. 索马里洋流
25. 中南大西洋洋流
26. 中南太平洋洋流
27. 亚南极洋流
28. 亚北极大西洋洋流
29. 亚北极太平洋洋流
30. 副热带锋

- **中上层带**，即表层水带之下深度在200～1000米的区域。随着水柱不断加深，由于氧气减少、水压增加、温度变低、食物稀少和缺乏光照，中上层带的生物多样性大大降低。在这个区域中，温度变化很大，从4℃到20℃不等。虽然也有一些光照到达，但不足以进行光合作用，因此该地区的生物适应了弱光和食物稀少的环境。大部分食物来自从表层水带沉降的**有机物**。出于这个原因，在这个区域，我们可以发现过滤有机物的**食腐生物**和捕食有机物的肉食性物种。还有一些食草动物的种群在夜间迁移到上层，以捕食浮游植物，并在白天返回到中上层带以躲避捕食者。

- **半深海带**，又称午夜区，是1000～4000米深的区域。这个区域的平均温度为4℃，没有光照，所以也不存在初级生产。这就是它被称为午夜区的原因。生活在这一区域的生物依靠**海洋雪**和捕食其他动物生存。例如，巨型鱿鱼和捕食它们的抹香鲸、毒蛇鱼或鳗鲨。由于缺乏光线，一些物种没有眼睛。为了适应环境，它们的身体是透明的，新陈代谢缓慢，以便在缺乏食物的情况下保存能量。

- **深海带**，这是最后一个区域，我们将在下面详细讨论。

什么是深海带？

深海带是海洋中最深的区域之一，位于3000～6000米。然而，在某些地区可能有更深的地方，被称为**超深海带**，其深度为6000～1万米。

在深海区域，**永远是黑暗的**，温度不超过2℃或3℃。这个区域的底层水**含氧量很低**，因为没有初级生产者可以释放氧气。仅有的氧气大部分来自极地地区很久以前**融化的冰**。矛盾的是，这些水域富含氮和**磷**等**营养物质**，这些营养物质来自从上层沉降的大量有机物。

生活在这个深度的**物种**已经进化到可以应对这些条件。无脊椎动物和鱼类对**寒冷**、极端**压力**或氧气供应不足有**适应能力**。例如，一些鱼的鱼鳔已经退化，因为这不利于它们应对极端压力。此外，它们也适应了通过**低新陈代谢**来节省能量。因此，它

们往往是行动缓慢的动物，在繁殖方面投入的资源很少。许多动物种已经进化出产生光或**生物发光**的能力，从而利用这种能力来吸引猎物或作为一种防御方法。它们还长出了能够感知**蓝光**的大眼睛，因为这是唯一能够到达海洋底部的光。

在没有光的环境中，深海生态系统缺乏初级生产者和食草动物。因此，这里的食物链依赖海洋雪，海洋雪维系着一个由碎屑食性动物和食腐动物组成的群落。因此，当我们接近海底时，生物多样性会有所增加，因为这里积累了更多的有机物。**海洋雪**是来自水柱上层的持续的碎屑雨，由死亡的生物体、碎屑和沉积物组成。藻类水华是海洋雪的主要生产者。

尽管其深度如此之大，该区域仍然受到**气候变化**和**酸化**的影响。**塑料污染**也是一个问题，因为深海物种会将塑料误认为是食物。此外，**过度捕捞**会减少到达深海区的海洋雪量，从而产生间接影响。

深海热液喷口生态系统

这些地方是海底的裂缝，热水从这些裂缝中涌出。在这些地区，有细菌通过化学合成产生有机物，从而发挥初级生产者的作用。这些微生物利用硫化氢产生有机物，随着它们的生长，细菌会形成厚厚的一层，吸引以它们为食的其他生物，如甲壳类动物。食物链中的捕食者由其他生物体充当。

一个特殊的物种是被称为现代深海管状蠕虫的管虫。这些动物的长度可以超过2纳米，并且没有消化系统。它们与提供硫化氢的细菌共生，这些细菌会向它们转移有机物。

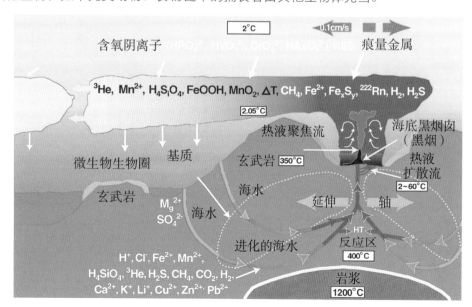

上升流区和磷矿床

上升流区的特点是存在大量来自海底的营养物质，这意味着其具有很高的生产能力和丰富的渔业资源。

当水生系统达到一定深度时，光线无法到达底部，营养循环的组织方式是，生产主要发生在水柱的上部，而自养生物用来制造有机物的营养物质在底部被分解和释放（见第22页"什么是食物链？"）然而，不同的**物理力量**可以使这些无机物返回到光合作用者所在的光照区，从而关闭营养循环。

- **风**，使表层水移动，并引导其拖动下层的水，或产生压力变化，将水从底部拉向表面。
- **洋流**，使富含营养物质的水团向海面移动。在洋流到达沿海地区时，或通过与地球自转有关的复杂影响，推动水团移动。

这些现象促使了某些地区大量营养物质的上涌，因此具有巨大的生产力：它们被称为**上升流区**（upwelling）。

这些地区，特别是与沿海地区相关的区域，由与之相关的大量**渔业资源**而具有重要的经济意义。在非洲和美洲的西海岸有4个主要的洋流系统产生了巨大的上升流，其中两个在北半球，两个在

上升流区

正如这幅来自《大英百科全书》的示意图所示，温跃层和营养线将温暖的、营养不足的上层与寒冷的、营养丰富的下层分开。在正常情况下（左图），这些界面足够低，沿海风可以促使营养物质从下层上升到表面，从而维系一个丰富的生态系统。在厄尔尼诺现象期间（右图），上层变厚，上层水中的营养物质较少，这导致海洋生产力的崩溃。

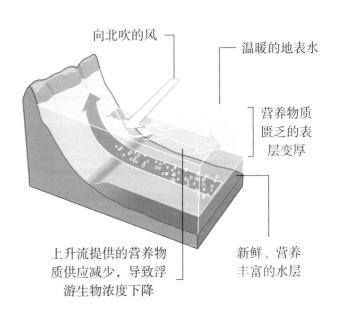

正常情况下

上升流　　向北吹的风　　温暖的地表水

高浓度的浮游生物

新鲜、营养丰富的水层

厄尔尼诺现象

向北吹的风　　温暖的地表水

营养物质匮乏的表层变厚

上升流提供的营养物质供应减少，导致浮游生物浓度下降

新鲜、营养丰富的水层

图为智利的一个渔村外海域，该渔村位于瓦尔帕莱索市的昆泰湾附近。洪堡海流为这个地区带来了大量的营养物质，使得该地区非常适合进行渔业生产。

南半球。它们分别是非洲海岸的加那利海流和本格拉洋流，北美洲海岸的加利福尼亚海流和南美洲海岸的洪堡海流。仅这4个地区就占了世界渔获量的20%左右，可见这一现象的巨大肥力作用。

上升流区和肥料的产生

农田中的植物从土壤中吸收**养分**，但随着作物的收获，这些养分得不到补充，就会导致土壤地力逐渐**枯竭**（见第82页"农业"）。**氮**在大气中的含量极为丰富，从其气态形式来看，它可以在土壤中以硝酸盐的形式得到补充（例如，通过种植固氮豆科植物，或通过工业方法合成）；然而，**磷**的恢复要困难得多。磷存在于地球的岩石中，并被纳入陆地生态系统的营养循环中。但由于磷可溶于水，其中一些最终会通过河流和人类废物流入海洋，从而进入海洋食物链。这就是上升流区发挥重要作用的地方：作为包括磷在内的**营养物质富集**场所（通常靠近海岸），可以在很长一段时间内，通过地球化学过程，实现海底磷矿床的积累。由于地壳和海平面不是静止的，经过数百万年，水下区域可能变成陆地，这些沉积物最终也可能成为可利用的矿产资源。

鸟粪沉积物

需要特别提及的是鸟粪沉积物，海洋中的磷返回陆地的一种方式是鸟粪，其中富含磷和其他营养物质，由以鱼为食并在陆地上筑巢的海鸟产生。在某些情况下，这些动物的大量集中出现，往往也与食物丰富的上升流区有关，随着时间的推移，形成了可用于生产肥料的鸟粪沉积物。尽管作为一种经济资源，它们目前不像矿藏那么重要，但有时在当地仍然具有重要意义，而且在过去无疑也是如此，甚至在19世纪，对鸟粪沉积物控制成了某些战争（如鸟粪战争）或影响战争（如太平洋战争）走向的原因。

海洋生态系统服务

尽管人类生活在陆地上，但与海洋息息相关。据估计，世界总人口的40%生活在距离海岸不到100千米的地方。由于航海技术的发展，人类主要利用海洋进行运输与贸易，世界上许多主要城市都是围绕港口发展起来的。除此之外，海洋还是具有巨大经济价值的资源和生态系统服务的重要来源。

海洋生态系统为我们提供的服务可分为三大类：供给服务、调节服务和文化服务。

1. **供给服务。捕鱼**可能是海洋生态系统提供的最明显和最显著的供给服务之一。然而，它不是海洋提供给人类的唯一服务。

- **药物和医学**。随着科学的发展，科学家们不断发现了与海洋生物有关的成分。在20世纪50年代，发现了海绵（*Tectitethya crypta*）、

海绵胸苷和海绵尿苷，可以用来合成抗癌和抗病毒药物。目前还有更多的药物处于开发阶段，这些药物的来源既包括在海绵中发现的化合物，也包括在其他群体的生物中发现的化合物。

- **饮用水**。在有海水淡化厂的地方，海水也可以成为饮用水的来源。

- **可再生能源**。利用潮汐发电的技术，可以以环保的方式获得能源。

- **其他**。人类还从海洋中提取其他物质，制成商品。例如，从海洋中获取的珍珠和珊瑚用来制成珠宝，但应该注意到，在许多情况下，对这些资源的过度开发已经对一些生态系统造成重大破坏。

2. **调节服务。**最值得关注的是海洋作为**气候调节器**的作用。海洋吸收了太阳的大部分热量，并以洋流的形式将其分散。例如，墨西哥湾流的作用就十分显著，分为北大西洋暖流和加那利洋流（后者更冷）之后，前者将温暖的海水从墨西哥湾输送到欧洲，这一**洋流系统**确保欧洲与同纬度的其他地区相比是温暖的。此外，西班牙人在历史上曾利用洋流系统，驾驶船只航行于加勒比海。

然而，这并不是海洋生态系统提供的唯一调节

洋流的力量在水下推动涡轮机转动，从而产生清洁能源。

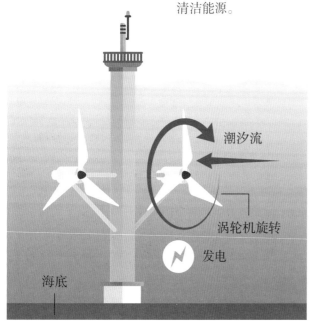

潮汐流

涡轮机旋转

发电

海底

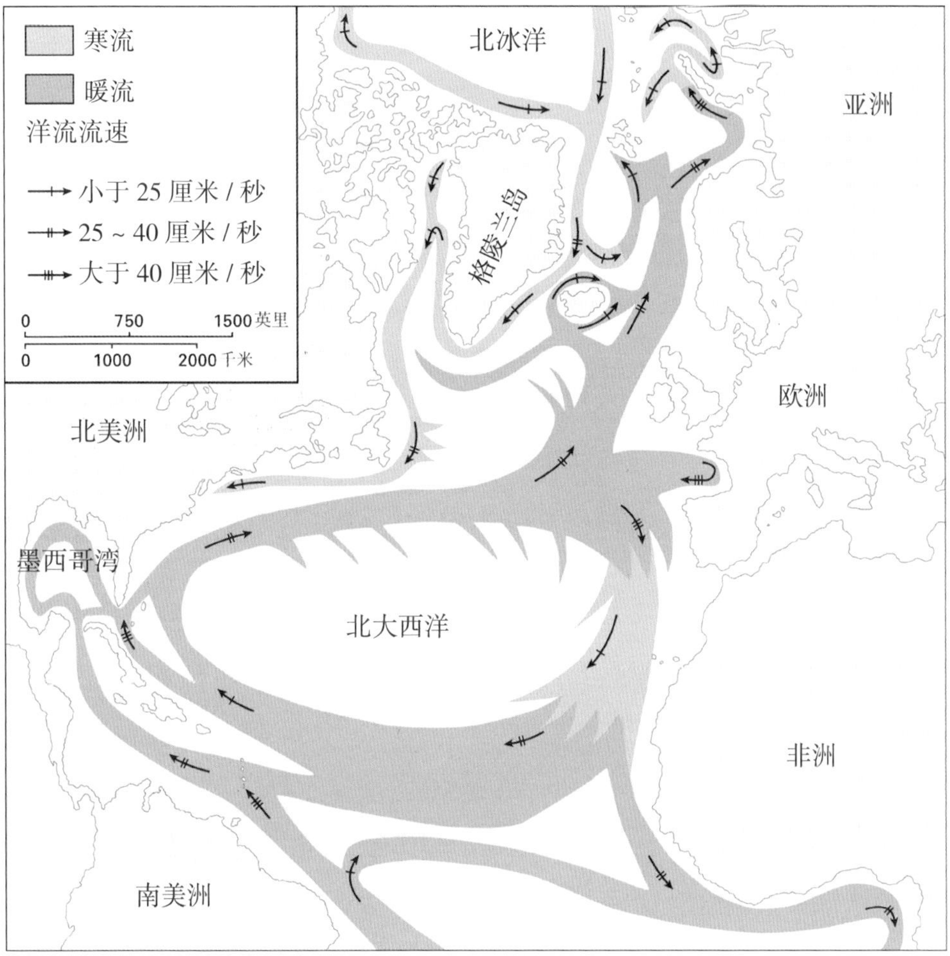
寒流
暖流
洋流流速
小于 25 厘米 / 秒
25 ~ 40 厘米 / 秒
大于 40 厘米 / 秒
0 750 1500 英里
0 1000 2000 千米
北冰洋
亚洲
格陵兰岛
欧洲
北美洲
墨西哥湾
北大西洋
非洲
南美洲

《大英百科全书》的地图（原书插图）显示了北大西洋的主要暖流和寒流。

服务，其中比较突出的还包括：

- **海洋吸收二氧化碳的能力**。二氧化碳在水中溶解后形成碳酸（与碳酸饮料中存在的碳酸相同，会产生二氧化碳气泡），由于目前大气中二氧化碳的浓度不断增加，因此会造成海洋酸化。海洋藻类也有吸收二氧化碳的能力，就像陆地上的光合作用者一样，它们在碳循环中发挥着重要作用。
- **海流和海浪对海岸和海滩构造的影响**。海滩是由海水沉积在海岸线上的沉积物形成的，这些沉积物的形状各不相同，从卵石、砾石到非常细的沙子，甚至淤泥。通常情况下，这些沙子的一个重要部分可能不是由矿物来源的颗粒构成，而是由微生物的微小外壳组成的，例如有孔虫，一组单细胞生物，其外壳具有各种各样的形状和颜色，从而使得沙子具有各种独特的外观。

3．**文化服务**。这正是与海滩及流经它们的水域最密切相关的服务，即海洋作为**休闲**场所的作用，得益于此，产生了许多沿海地区所依赖的强大**旅游**业。这种休闲服务超越了传统的日光浴、水浴和沙地游戏等活动，此外，还有一些与环境更密切相关的形式，如海洋疗愈，包括沿海地区和内陆水域的疗愈法。

然而，即使是以这种形式享受自然，如果超过了一定的限度，也会给生态系统带来负面的压力，比如有时迫于人类的压力，某些物种改变了它们的习性，或者由于游客的不断流动造成了环境的恶化。原则上无害的娱乐活动，如潜水或鲸鱼观赏，可能会使海洋环境产生比我们想象更大的变化。

捕鱼业和过度捕捞

尽管渔业产品在人类消费的食物总量中占的比例相对较小，但占人类消费的动物蛋白总量的11%，这一数字在发展中国家上升到近20%。这些数据说明了水生生态系统在人类食物生产中的重要作用。

自20世纪60年代以来，**鱼类消费**的增长速度高于人口增长速度，也高于陆地动物蛋白的消费量。在过去的半个世纪内，全球鱼类产量稳步增长，从1950年的2000万吨左右增加到如今的1.7亿吨以上。然而，自20世纪80年代中期以来，捕渔业停滞在9000万吨左右，其原因是**水产养殖**获得发展（见第124页"什么是水产养殖？"），2016年水产养殖量占全球鱼类总产量的47%。

尽管渔获量趋于稳定，但当今大部分捕鱼活动都是以**不可持续**的方式进行的，因此从1974年到2015年，过度捕捞的渔场从0增加到33.1%。这意味着这些渔场的渔获量超过了鱼类资源的自我繁殖和维持能力，从长远来看，如果这种情况不能扭转，将导致鱼类资源**枯竭**。此外，人类必须认识到，过度捕捞种群的恢复不是立即实现的，可能需要相当长的时间，通常是相关物种生命周期的两到三倍。然而，从长远角度看，这些种群的再生甚至可以增加渔业产量，即使以可持续的方式进行捕捞，重新建立的种群生产力也会提高。捕鱼量持续增加意味着在全球范围内，渔民需要花费越来越多的资金（如燃料费）才能在日益减少的渔场中捕获同样数量的鱼。

捕捞水平的可持续性

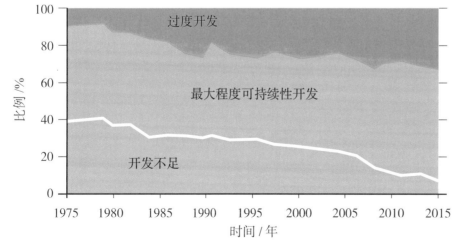

我们可以从联合国粮农组织2018年的图表中看出，在过去的几十年里，超过可持续限度的渔业资源开发比例以相对恒定的水平增加，现在已达到鱼类种群能够承受的极限。

捕鱼和水母繁殖

近年来，水母暴发性增长（水母种群激增）的频次不断增加。这一现象频发是由多种因素造成的，包括沿海水域的**富营养化**或石油**污染**，这可能会导致食物链发生一些变化，从而有利于水母的存在。另外，船舶的大量流通和苏伊士或巴拿马运河等通道的存在，为**入侵物种**的扩张提供了便利，其中一些是水母，可以成为扩散事件的主角。我们还应该注意**过度捕捞**通过各种机制产生的影响：与水母竞争食物的鱼类数量减少，使其有拥有更多的营养资源，从而为水母的数量增加创造了条件。需要注意的是，正反馈机制也可能在此发挥作用，使情况进一步恶化：水母也捕食鱼类幼虫，从而加强了上述效果。此外，捕鱼造成的附带损害之一是许多水母天敌的死亡，如某些海龟。

除了过度捕捞，还有其他因素影响这一重要食物资源的未来，其中之一就是**气候变化**。由于其可能产生的影响巨大，且物种可能作出反应的方式多样，使得我们很难准确预测气候变化对渔业的影响程度，但我们已经看到，随着水温的升高，鱼群向深水区转移，或从热带水域向温带水域和极地转移。因此，在这些地区，可用鱼类可能会增加，而温暖地区的鱼类则会减少，这可能导致将鱼类作为基本资源的国家出现粮食问题和冲突。也有预测表明，海洋的初级生产者（进行光合作用的生物，主要是藻类）可能会下降，因此，到2100年，可食鱼类将减少6%，热带地区的鱼类将减少11%。世界各国政府都意识到这些威胁带来的挑战，并在**各种渔业政策**中纳入其解决方案。联合国召开了各种会议并制定了目标，超国家组织（如欧盟）也同样制定了共同渔业政策。

然而，迄今为止，这些措施还不够充分，未来渔场的可持续性将在很大程度上取决于各国是否有能力在未来几年采取必要的行动来实现这一目标。

气候变化将对世界温暖地带的渔业社区产生重大影响。

幽灵捕鱼

幽灵捕鱼是指动物被困在废弃渔具中死亡。这是目前因开发海洋资源而产生的主要问题之一。

在社交网络和数字媒体上，潜水员发现海洋动物被渔线或渔网的残骸缠住的小视频日益增多。在这些视频中，人们用刀子割断正在慢慢撕裂动物身体的渔线或渔网，将被困的动物释放出来，从而给故事一个圆满的结局。然而，这些只是少数案例，是一个日益严重的问题——**幽灵捕鱼**的一部分。这是一个（准确的）贬义术语，指的是**废弃、丢失或丢弃的渔具**（ALDFG）造成的问题，除了渔网，还包括鱼线、鱼钩和陷阱。通常，它们只是丢失或损坏的渔具，也可能是被**非法渔民**丢弃以避免被当局逮捕。其中最致命的是捕鱼陷阱，即所谓的"**人工集鱼装置**"或"**FADs**"**和刺网**（因为它是通过渔网的细丝缠住鱼鳃，将鱼困在其中的）。这种捕鱼装置由长网组成，一边是重物，另一边是浮标，以使其在水中保持伸展，就像一个数百米长的网格屏障。

此外，沉在海底的**幽灵渔网**会导致底栖生态系统的退化，一些海洋植物或珊瑚礁形成的草甸就是这种情况。它们还会影响航行：有的船只会因尼龙绳缠住螺旋桨而倾覆，并造成人员伤亡。虽然这些是极端案例，但也存在很多由幽灵捕鱼装置引起技术事故的案例。这些装置通常由**合成材料**制成，降解后会增加大量微**塑料**，因此随着这些材料的降解，这种微塑料在海洋中越来越多（见第132页"海洋中的塑料污染"）。幽灵渔具的碎片可能会被一些动物误认为是食物，导致其窒息和其他问题。

尽管主流媒体通常不会讨论这个问题，但像联合国**粮农组织**等重要组织正在予以关注和努力，因为这是一个非常突出的**环境问题**。目前正在开展的行动包括：开发渔网回收技术；打击非法捕鱼以及与渔民合作，提高他们的认识并制定解决方案，以减少丢弃渔具的现象；等等。

遗失在海洋中的渔具是一个严重的环境问题，因为这些废弃渔具不仅通过释放微塑料造成污染，还会在相当长的时间内持续伤害和杀死大量动物。

关于FADs

海洋是广阔的水域，其中没有可以发展群落的基质或结构，组成这些群落的生物通常在水流的支配下漂浮或游动寻找往往或多或少散在其中的食物。有时可能会发生物体漂浮在水面上的情况（如木板），一些生物会附着在上面，某些鱼会被吸引到上面寻找食物，而这些鱼又会吸引更大的捕食者，从而可以围绕这个物体形成小群落。渔民们意识到这一现象，并经常使用被称为"鱼类聚集装置"或"**人工集鱼装置**"（FADs）的设备，该设备由附着在底部的浮标组成，以吸引周围的鱼聚集，从而更有效地捕鱼。然而，其中一些FADs是使用围网制成的，一旦被丢弃，就会变成幽灵渔具。事实上，在这些渔具工作时，甚至在渔民找到它们时也会产生影响。同样值得注意的是，当在**工业捕鱼**中使用FADs时，有时将其大量抛入海中，然后用围网捕捉在其所在区域内聚集的鱼群。这种装置常常被用于捕捞金枪鱼。目前正在采取举措，促进用非网状的FADs取代网状的FADs，并使用可生物降解的材料制作FADs。

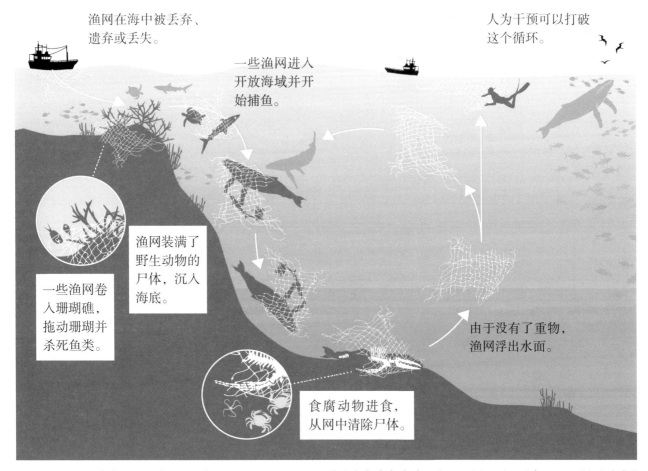

幽灵捕鱼周期，来自橄榄里德利项目（Olive Ridley Project，一个积极打击印度洋幽灵渔具的组织）。图中显示了"鱼类聚集"网被抛入海中以提高捕鱼效率的过程，但它会给海洋生态系统带来非常令人担忧的问题。

什么是水产养殖？

由于鱼类资源的过度开发，人类提出水产养殖，通过大规模养殖鱼类、甲壳类和海洋软体动物作为海洋捕捞的替代品。然而，这种生产模式涉及物种的驯化，并不能避免环境问题的出现，仍然需要可持续的解决方案。

挪威的一个鲑鱼养殖场的景象，是海水养殖的一个代表性示例。

水产养殖是指养殖和管理水生动物物种，如**鱼类**、**甲壳类**、**软体动物**和其他类型的**无脊椎动物**，如海参。此外，这个术语也可以包括**藻类**的养殖。虽然如今水产养殖是一项蓬勃发展的产业，但它的起源非常遥远。在新石器时代，中国人就已经开始养鱼，而当时其他动物物种刚刚开始被驯化。公元前2000年左右，在同一个地方，养鱼人用蚕若虫和蚕的排泄物喂养在湖泊中捕获的河鲤的幼苗。这并不是唯一的例子，在大约3500年前的古埃及文明中还有其他例子，其中包括原产于非洲大陆的鱼类。

直到20世纪，水产养殖才开始成为一项**大规模的活动**。这是因为对最重要的海洋物种的**过度捕捞**（见第120页"捕鱼业和过度捕捞"）导致资源的减少。为了找到解决方案，现代水产养殖开始驯化最受消费者喜爱的动物。从那时起，400多个物种的驯化和**繁育**工作就开始了。在全球范围内，最广泛的养殖鱼类是鲤鱼、鲑鱼、罗非鱼和鲶鱼。水产养殖有多种类型，其中最为典型的是以下两种：

- **海水养殖**，包括在人工围栏中饲养物种，如用于养殖鲑鱼的浮网，鲑鱼在其中生长，直到被捕获。

- **多营养层次综合水产养殖**，这是一种旨在建立平衡和可持续系统的养殖方式。在这个模型中，使用了几种不同营养层级的物种。例如，生产过程中产生的废物（如农业植物废弃物）可以用来喂养与牡蛎等滤食性动物共用围栏的鱼类，而牡蛎可以清理鱼产生的污物，从而完成生态循环。

这一驯化过程也带来了巨大的科学和技术挑战。对此，我们以蓝鳍金枪鱼的养殖过程为例进行具体说明，这是一个受到过度捕捞严重威胁的物种。

- **获取野生卵**。生产过程从获取野生卵开始，在这个过程中，必须将最终可能成为生活在水箱中的未来幼体捕食者的其他物种的卵筛选出来。

- **水箱饲养**。幼体必须在陆上中心饲养，这带来了额外的挑战，因为幼体可能因撞到水箱壁或同类相食而死亡。

- **育肥养殖笼**。幼体将被运送到位于海中的育肥养殖笼中。放入育肥养殖笼后，必须提供最适合该物种的饲料，以确保其生长。

- **封闭循环**。最重要的一点是建立一个繁殖中心，以避免野外捕捞。此外，这种养殖方式还需要了解由细菌和病毒引起的鱼类疾病，例如鲑鱼的耶尔森氏菌病等细菌性疾病，还需要开发疫苗和其他药物，这使得该过程成本增加。

饲料，一个环境问题

水产养殖还面临着重大的环境挑战，使其可持续性难以实现（见第150页"什么是可持续性？"）。这个问题源于选择养殖的物种。这些物种大多数是肉食性的，也就是说，它们处于食物链的顶端。这意味着必须用其他鱼类制成的饲料进行喂养，而实际上这些将被制成饲料的鱼类依旧是在海上捕捞的，最终导致秘鲁鳀鱼等物种的渔业遭到破坏。为了解决这个问题，有人建议开发用植物物质制作饲料。但这也带来了"两难"困局：它意味着更多的农业生产，从而导致更多的森林砍伐和与此相关的其他问题（见第86页"毁林概述"和第82页"农业"）。因此，研究的重点是获取昆虫粉饲料、培育微藻，或创建循环或循环经济系统。

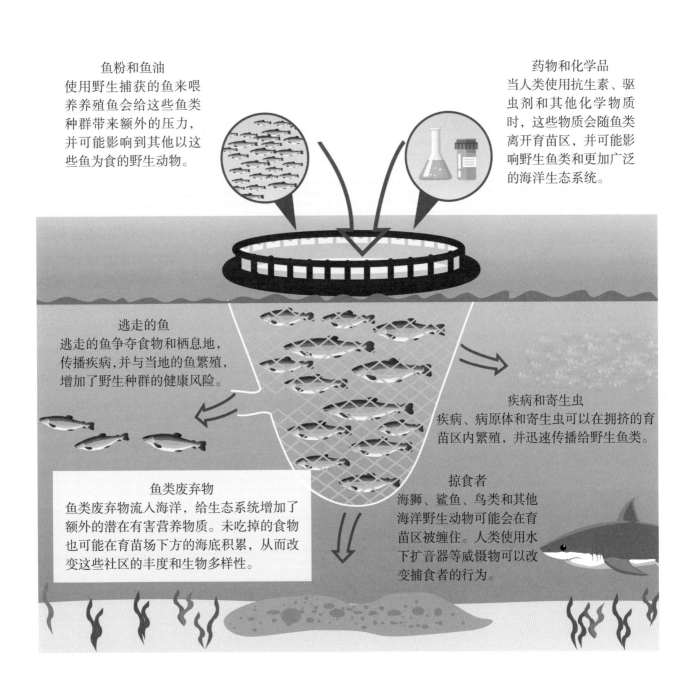

鱼粉和鱼油
使用野生捕获的鱼来喂养养殖鱼会给这些鱼类种群带来额外的压力，并可能影响到其他以这些鱼为食的野生动物。

药物和化学品
当人类使用抗生素、驱虫剂和其他化学物质时，这些物质会随鱼类离开育苗区，并可能影响野生鱼类和更加广泛的海洋生态系统。

逃走的鱼
逃走的鱼争夺食物和栖息地，传播疾病，并与当地的鱼繁殖，增加了野生种群的健康风险。

疾病和寄生虫
疾病、病原体和寄生虫可以在拥挤的育苗区内繁殖，并迅速传播给野生鱼类。

鱼类废弃物
鱼类废弃物流入海洋，给生态系统增加了额外的潜在有害营养物质。未吃掉的食物也可能在育苗场下方的海底积累，从而改变这些社区的丰度和生物多样性。

掠食者
海狮、鲨鱼、鸟类和其他海洋野生动物可能会在育苗区被缠住。人类使用水下扩音器等威慑物可以改变捕食者的行为。

死区

死区是生命相对稀少的大型海洋区域。死区的存在可能是由于自然原因，而人类活动导致它们在世界所有海域出现的数量越来越多。

富营养化问题（见第99页"河流和湖泊的污染"）不仅影响着内陆水域生态系统，其在海洋中也日益突出。某些**污染物**排入海洋，特别是主要来自**农业**和城市**废水**的**肥料**和**有机物**，以及燃烧化石燃料排放的一氧化二氮（N_2O），导致大片海域出现**缺氧**，即氧气浓度非常低甚至为零，这与湖泊中

发生的情况类似：营养物质促进表层微藻类植物增殖，它们死亡后会下沉并被分解者消耗，这增加了对氧气的需求，使氧气急剧减少甚至耗尽，从而使整个生态系统处于危险之中。因此，这些地区被称为**死区**。

除了上述的污染（其后果主要表现在沿岸地区）以外，全球变暖会加剧死区的出现，特别是在开放海域。随之而来的水温升高会通过两种影响加剧缺氧问题：

- **氧气在水中的溶解度**，随温度升高而降低（见第94页"内陆水生系统"）。即温水中的氧气会比冷水中的氧气含量少。总体氧气大

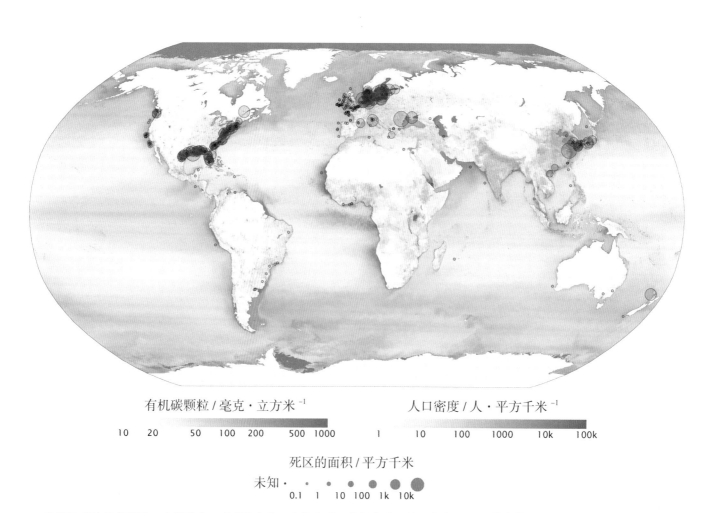

有机碳颗粒 / 毫克·立方米$^{-1}$

10 20 50 100 200 500 1000

人口密度 / 人·平方千米$^{-1}$

1 10 100 1000 10k 100k

死区的面积 / 平方千米

未知 0.1 1 10 100 1k 10k

死区地图系原书插图，由罗伯特·西蒙和杰森·艾伦绘制，他们参考了美国弗吉尼亚海洋科学研究所罗伯特·迪亚兹的数据、GSFC Ocean Color团队的有机碳颗粒图以及社会经济数据和应用中心（SEDAC）的人口密度数据。

约减少15%，是出于这个原因，而在前1000米的海水深度中，50%以上的氧气减少与水的变暖有关。

- **温度的升高**，可以增加水柱的分层化，从而减少下层区域与上层区域的混合过程（见第97页"水柱和分层"），因此无法提供氧气的周转。这个原因占据了气候变暖引起的氧气减少剩余因素的85%，同时也导致了营养物质分布动态的改变。此外，海洋中的生物更容易受到缺氧的影响，因为生物的新陈代谢增加，它们需要消耗更多的氧气。

死区中的生命

尽管我们称之为"死区"，但这里仍然可以支持生命存在。缺氧是指氧气浓度低于每升水2毫升的情况。当每升水中的氧气低于0.5毫升时，就会出现生物**大规模死亡**和可迁移的生物**移居**的现象。矛盾的是，在富营养化的情况下，后者可以与富营养化情况下注入的营养物质共同提高死区**附近含氧区域**的渔获量，因为迁移动物群将暂时集中在此。然而，这种明显的改善是一种假象，从长远角度来看将是不可持续的。当氧气浓度尚未下降到导致动物死亡或不得不迁移时，也可能观察到其他负面影响。例如，生长变慢、繁殖困难或对更容易感染疾病。

一个略有不同的情况是与大陆板块西部边缘有关的**上升流区**（见第116页"上升流区和磷矿床"）。这些上升流区都与严重缺氧的区域有关，但是，在那里并没有观察到与其他情况相似的死亡率，而是生存着适应低氧浓度的底栖动物，它们在某些情况下甚至可以承受每升水0.1毫升氧气含量的环境。这

是否可以逆转？

死区的恢复并非没有可能，但很困难。在400多个出现缺氧的系统中，仅观察到4%的系统得到改善，并且这种改善往往与减少营养输入、减少分层和减少来自陆地的淡水输入有关。如果要遏制和扭转这种局面，我们必须能够阻止导致海洋富营养化的污染，并解决导致海水变暖的气候变化问题。

种情况在非洲南大西洋西部、孟加拉湾、阿拉伯海和东太平洋尤为明显。

在世界其他海域，自20世纪30年代起就发现了氧气浓度下降甚至缺氧的情况（如波罗的海和切萨皮克湾），但从20世纪中期开始，恰逢农业生产中使用化肥的热潮，发现的死区数量开始明显增加。此外，还有一些研究表明，缺氧情况在这些生态系统中并不经常发生，由此可以推断，这是人类行为造成的特殊情况。自20世纪60年代以来，死区的数量每十年翻一番。

什么是海洋酸化？

除了全球变暖，二氧化碳的释放还造成了另一个鲜为人知的后果，即由于二氧化碳在海洋中的溶解造成的海洋酸化。这个过程影响到不同生物体所依赖的化学平衡。

在化学领域，**pH值**用于确定一种液体的酸碱度。该测量值代表溶液中**氢离子**的浓度，其范围介于0（酸性最强）到14（碱性最强）之间。pH值为7被视为中性。基于这种分类，我们可以说，柠檬汁或醋是酸性的，因为它们的pH值是2；漂白剂是碱性的，因为其pH值是13。纯水则是中性pH值的一个例子。

在正常情况下，*海水*的pH值为8，因此被认为是微碱性的。由于这一特点，海洋中的生命可以发生基本的化学反应。其中之一是产生**碳酸钙**的外壳

温暖的海面温度导致西太平洋的珊瑚开始白化。当虫黄藻的共生藻类从珊瑚组织中排出时，就会发生白化现象。

或结构。许多生物利用溶解在水中的钙（Ca^{2+}）和碳酸盐（CO_3^{2-}）来生成碳酸钙并形成坚硬的结构。这一过程之所以可以实现，是因为这两种元素在海洋中的浓度都很高。换句话说，如果我们想要加入

海洋酸化过程

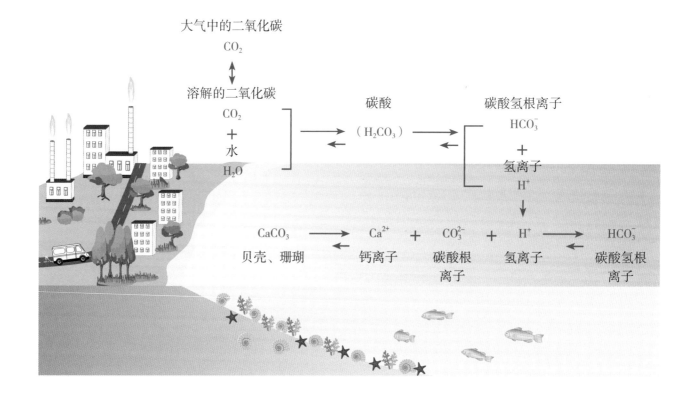

更多，是不可能实现的，因为"没有更多空间"。然而，在较深的水域，钙和碳酸盐的浓度很低。这意味着生物体的碳酸钙外壳和骨架在这些地区会溶解。通过这种方式，限制了物种只能分布在表层水域，而钙和碳酸盐被回收，使其重新被利用。

二氧化碳释放到大气中，直接对这个系统产生了影响。这种情况是在海水的pH值因海水吸收大气中的二氧化碳而下降时，即通过所谓的**海洋酸化**发生的。举例来说，1751~1996年，海洋表面的pH值从8.25降到了8.14，这意味着水的酸度在增加，pH值逐渐接近7（中性点）。尽管看起来差异不大，但事实上，这一事件对海洋化学具有重要的影响。

当二氧化碳在海洋中溶解时，与水反应产生**碳酸**（H_2CO_3），然后再分离为碳酸氢根离子（HCO_3^-）和氢离子。这会降低水的pH值。最后，氢离子与碳酸盐结合，降低了碳酸盐的浓度，使壳结构的形成更加困难。而在这些条件下，碳酸钙也更容易流失。

例如，珊瑚是群居动物，由数百或数千个个体组成，这些个体是由使用碳酸钙作为构建材料的坚硬结构形成的。今天，它们最大的威胁之一是所谓的"漂白"事件，在这个过程中，它们失去了赖以生存的共生藻类。这些事件的主要原因是气候变化导致的海水温度上升，但也可能是由富营养化、污染、沉积物增加、疾病、海洋酸化和其他因素引起的。这些动物的存在对许多生态系统至关重要。

酸化的后果

如果海洋的pH值继续下降，海螺、蛤蜊、珊瑚或海绵等物种将无法建立其结构。就珊瑚而言，其骨骼结构的丧失会导致它们所支持的生态系统遭到破坏（见第112页"海洋区域"）。另外，软体动物物种则面临着失去保护的问题，因为它们的外壳将变得更加脆弱。这将对生态系统产生不同层面上的重大影响，同时还会影响依赖这些物种的行业经济。

海蝴蝶（*Limacina helicina*）是一种翼足类软体动物，其外壳很薄，随着地球海洋酸度的增加，其外壳已经变得透明。照片由鲁斯·霍普克罗夫特拍摄，他来自位于美国费尔班克斯的阿拉斯加大学。

南极的小型软体动物可以为我们提供大量有关海洋酸化的信息。照片由史密森尼学会的K. J. 奥斯本拍摄。

海洋石油污染

几个世纪以来，世界上的海洋一直是各种废物和垃圾的接收者。除了这种持续的污染外，还有石油开采和运输过程中的事故造成的污染。深水地平线石油钻井平台事件被认为是历史上最严重的漏油事件之一。

2010年4月20日，正在墨西哥湾钻探石油的"**深水地平线**"**石油钻井平台**发生爆炸。在数次阻止石油流动的尝试失败后，泄漏点于2010年9月19日被成功封堵。当时，约78万立方米的石油已被释放到海里，并在海洋表面扩散，对当地的生态系统和物种造成了影响。这一事件被称为历史上最严重的环境灾难之一。

为了防止**泄漏的石油**影响沿海的海滩、湿地和河口，使用了浮动围油栏、受控的石油燃烧和大约7000立方米的化油剂。但这些材料最终被冲上海滩，对野生动物、渔业和旅游业造成了影响。据估计，这次泄漏事故影响了8000多个物种，包括大约1200种鱼类、218种鸟类、28种海洋哺乳动物和3000多种无脊椎动物。

当石油泄漏时究竟会发生什么？

1．石油**上升**到海面，像浮油一样**扩散**。

2．此时，由于太阳的作用，一些物质会**蒸发**，但较重的物质仍然**漂浮**，形成浮油，当与沉积物混合时，就形成了焦油。

3．**浮油**在风和波浪的作用下被带到海岸。

4．同时也存在**溶于水、氧化**形成焦油或被细菌等微生物**消耗**的物质。

石油泄漏的潜在影响

石油泄漏对海洋生态系统的动植物的生存环境造成了影响。

沿海湿地或红树林

盐碱地森林，为鱼类和其他物种提供产卵地，是鱼类和幼鸟、螃蟹、虾等的避难所或育苗场。这种生态系统被石油污染，进而退化或被侵蚀，都会降低其生长与繁殖能力。

沿海地区的海床

海草床和海滨沼泽是蟹类、虾类和鱼类的发育区域。沉积物中的原油和石油会降低底栖生物的生殖力，也会对食物链造成影响。

透光带

在海洋和湖泊生态系统中，透光带是指从表面至约200米深，阳光可以投射进入的水层。在海洋表面扩散的石油可以影响食物链的基础，鱼类幼苗对泄漏的影响特别敏感。

长期影响

"深水地平线"灾难的影响会**持续很长时间**。例如,2013年在美国路易斯安那州,人们从海滩上清除了2200吨污染物。同年,海豚等海洋物种的死亡率一直居高不下。2014年《科学》杂志上发表了一项由美国国家海洋和大气管理局、斯坦福大学和蒙特雷湾水族馆参与的研究,其中描述了暴露在泄漏有毒物质中的金枪鱼出现了心脏畸形。这些缺陷会导致心跳不规则,最终导致动物因心脏骤停而死亡。

受到"深水地平线"泄漏事件影响的不仅仅是海岸沿线和海洋表面,**海底**的生态系统也受到了影响。2017年,一项通过遥控潜水艇进行的研究表明,虽然动物的数量增加了,但仍有一些在泄漏前该地区存在的典型无脊椎动物物种消失。这些地区的动物也受到了影响,因为石油的燃烧和分散剂的使用使污染更容易扩散。在**浮游植物**大量繁殖期间,污染附着在黏液物质上,形成硅藻等生物。当这些微生物死亡时,毒素会和海洋雪一起到达海底。因此,底栖生物物种也受到了灾难的影响。

战争对生态环境的影响

"深水地平线"的案例并非是独一无二的。历史上最大的石油泄漏事件发生在1991年,即海湾战争期间,伊拉克军队对油井和船只的破坏释放了180万吨石油。盘点所有涉及油轮和石油钻井平台的事故,在过去的半个世纪里,全世界已经发生130多起石油泄漏事故,包括泰国沙美岛奥普尔海滩的事故。

在泰国罗勇府沙美岛进行的漏油清理工作

顶级捕食者

这类捕食者包括海洋哺乳动物、金枪鱼、鸟类。它们可能会因食物链的退化而受到影响,而泄漏的石油会直接损害它们的健康。

深海底栖动物

由栖息在水生生态系统底部的生物形成的群落包括进行光合作用的初级生产者和深海珊瑚,它们有助于维持整个系统的生物多样性。深海珊瑚遭到破坏会减少生物多样性,并影响其生长与繁殖能力。

海洋中的塑料污染

由于优点众多，塑料已经取代其他材料，被用于许多产品中。然而，这种材质长期不易分解和对废弃物管理不善也使其成为世界上许多生态系统中的污染物。

19世纪，经过不断的研究和化学实验，科学家们发现了多种新物质和元素。正是在此期间，被称为塑料的产品开始为人所知。1839年，药剂师爱德华·西蒙发现了**聚苯乙烯**。多年以后，在1898年，化学家汉斯·冯·佩赫曼首次合成了聚乙烯。但直到第一次世界大战之后，化学技术才成功地应用于工业生产，并创造出**尼龙**等新材料，在1938年用于制造牙刷刷毛。

目前，由于成本低、易于制造和多功能性，**塑料**已经取代其他材料（如木材、金属或玻璃），成为多种类型产品的典型组成部分。在全球范围内，**聚乙烯**是最广泛生产的塑料类型。这种材料每年的产量高达1亿吨。排名第二的是**聚丙烯**，其每年的产量为5500万吨。排名第三的是PVC（聚氯乙烯），每年生产4000万吨。

尽管塑料有其优点，但它已经成为一个严重的环境问题。这是因为它是一种**不易降解**的材料，所以对其废物的管理不善最终会污染世界各地的生态系统。例如，2010年发表在《科学》杂志上的一项研究评估了192个沿海国家产生的塑料垃圾的数量，其结果高达2.75亿吨，其中480万～1270万吨的塑料最终进入海洋。大量的废弃物最终积聚在海洋中，形成了所谓的**垃圾岛**。第一个被发现的是太平

塑料是如何影响海洋生物的？

较大的垃圾，如塑料袋或废弃的渔网，会对海龟等物种构成严重的问题。这些爬行动物往往以水母为食，因此它们很容易将塑料袋误认为是食物。不幸的是，在鲸鱼尸体的胃里也经常发现塑料碎片。根据发表在《PNAS》杂志上的一项估计，至少有90%的海鸟在某些时候摄入过微塑料。科学家估计，到2050年，这一比例将上升到99%。实际上，世界上所有的海鸟的胃里都会有塑料。这对物种的保护和生态系统的运作具有重要的影响。

塑料岛地图

80%到达海洋的垃圾是从海岸进入的，其余20%是由船舶排放的。由于洋流的动态变化，塑料和其他类型的废弃物被困于海洋中心，形成了所谓的"塑料岛"。在地球上所有大型水体中，特别是在海洋中，均发现了这种现象（见下图，该图系原书插图）。

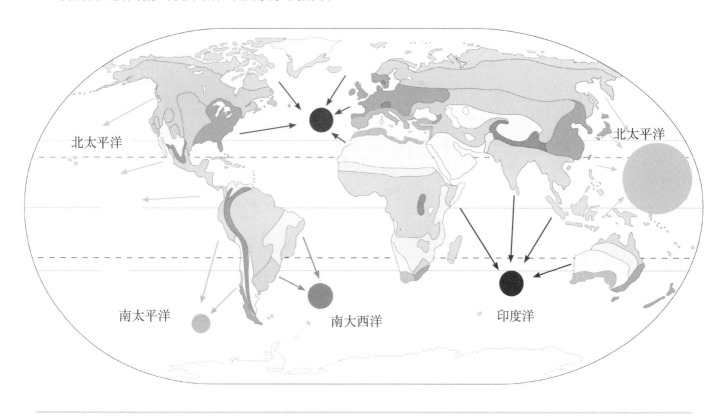

北太平洋

北太平洋

南太平洋

南大西洋

印度洋

洋垃圾带，由塑料、淤泥和其他碎片组成。由于洋流的影响，它被分为两个区域，一个在北部，另一个在南部。随后，在大西洋和印度洋也发现了这种堆积物。与主流看法相反，这些岛屿无法被卫星探测到，因为它们并不是真正由大型物体组成的。污染物由悬浮在水柱中的指甲盖大小的小块塑料（甚至是微塑料）组成。就太平洋而言，在1.652亿平方千米的太平洋海域中，这片垃圾带占据了170万平方千米。

这些废弃物需要数百年的时间才能降解。就一个PET塑料瓶而言，这一过程可能需要1000年。在这段时间里，塑料会分解成小块，加入所谓的**微塑料污染**中，这些微塑料污染源于合成纺织品的洗涤、化妆品或牙膏中去角质剂的使用或轮胎的磨损。总体来说，塑料微粒子的总体积可以占到海洋的30%。由于其体积非常小，很容易被珊瑚等动物摄取，导致其消化系统被堵塞并最终死亡。这些微粒最终从不同的点进入食物链，从浮游生物到小鱼，将污染传递到生态系统的其他部分，塑料处理问题因而成为一个需要全球解决的问题。

旅游业和沿海地区的退化

沿海地区环境除了为人们提供娱乐服务外，还具有很高的生态和景观价值。这就是它们吸引了大量游客并被作为旅游资源开发利用的原因。然而，这可能会导致这些生态价值的退化，而通过适当的管理和用户的承诺，可以将退化降到最低。

沙丘系统的退化

沿海沙丘系统是具有巨大生态价值的生境，但也极其脆弱，容易受到**侵蚀**。由于**旅游活动**的开展，世界各地的许多海滩均出现了严重退化。海滩作为娱乐区的发展可以导致一线沙丘被直接移除。另外，希望进入海滩的游客往往通过小路穿过更稳固的沙丘，这导致了沙丘被侵蚀，固定沙子的植物的强大根系被暴露出来，这反过来又削弱了沙丘的稳固性。这些小路可以成为一种"漏斗"，海风在其中循环，加强了侵蚀作用。海滩使用者常常在沙丘中自得其乐，将毛巾和其他物品放在沙丘之间，或让儿童在沙丘中玩耍。虽然我们可能认为这些小活动不应造成很大的破坏，但是不断涌入的人流最终会严重损害沙丘系统。在一些地方，已经采取相关措施促进沙丘的再生和保护，例如，建造**木质栈道**，人们可以在其中行走而沙丘不会被侵蚀；竖立"防风屏障"，如**柳条屏障**，风可以穿过这些屏障，

虽然看起来无害，但由于许多海滩使用者的不文明行为，成堆的石头已经成为一个环境问题。

但可以保留其携带的沙粒，其作用类似于植被；此外，还可以放置屏障，将用于娱乐的区域与环境保护区域划分开来。在这些情况下，提高海滩游客的**意识**和合作是非常重要的，通过这种方式，确保游客尊重设立的限制，避免这些宝贵的沙丘系统退化。

石堆带来的灾难

在世界的一些地方，在未设置明确的路标时，小石堆被用来标记道路，而在其他文化中，它们也可能具有某种宗教或精神意义。然而，近年来，游客在自然区域搭建这些小结构已经成为一种旅游时尚，其目的往往是为了拍照或在这里留下自己的印

沙丘系统是极其脆弱的环境，仅仅是路人经过都会对其产生严重的影响。木质栈道等措施有助于减少对沙丘系统的损害，但需要使用者的合作。

记。这种看似无害的做法已经变得非常流行，以至于可以发现数百平方米的海滩被这些石堆占据，这种做法以不同的方式造成了**环境退化**。

- **景观退化**。它会改变原有的自然环境。
- **对生态系统群落的不利影响**。例如，岩石海滩是非常不利于植物群落发展的环境。在这些地方，散落在海岸线上的石头提供了免受阳光和风力影响的微型空间，沉积物和水分在这里积聚，小型植物得以生长。
- **对生物群的影响**。当游客在这些环境中搭建石堆时，所使用的石头压制了小型微生境，甚至常常让在其中生长的植物得不到保护，从而导致它们死亡。
- **破坏民族文化遗产**。在某些情况下，游客使用了古城墙的石头，因此也破坏了文化遗产。

当我们外出享受大自然时，重要的是尽可能避免对环境的任何改变，即使我们掌握的常识让我们认为这种行为产生的影响微乎其微，但若人人如此，经过日积月累，最终产生重大影响。

地中海沿岸的旅游压力

旅游业主要通过增加航空和公路运输的使用而导致二氧化碳排放量增加。除此之外，沿海旅游对海洋和沿海地区环境的直接压力主要是对空间的需求，包括在沿海地区和海岸建造游艇码头和其他基础设施。旅游业在特定地理区域和有限时间段内的集中增加了对自然资源的压力，并导致废水和固体废物产生率提高。根据定义，沿海旅游位于沿海地区的敏感生境，如海滩、沙丘和湿地。大众旅游的不可持续发展将导致脆弱的自然栖息地迅速退化。

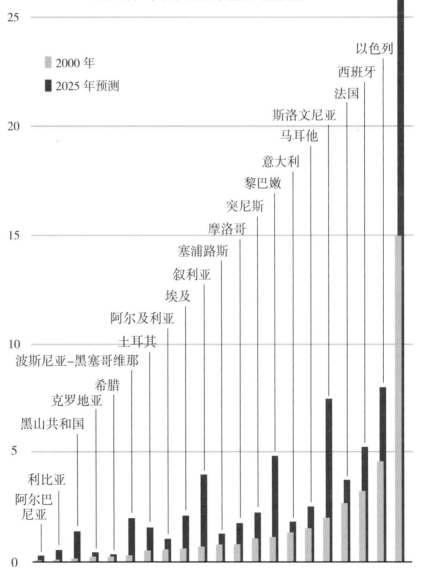

旺季时，每千米海岸线有数千名游客。

2000 年
2025 年预测

什么是"人类世"?

在地球上的整个生命发展过程中，人类活动在生态系统层面上的影响是非常明显的，主要表现在导致物种灭绝、栖息地破坏或环境污染方面。这些影响也正在转移到生物地球化学循环，甚至是地球气候方面。出于这个原因，科学界正在争论造成的变化是否大到可以认为我们已经进入一个新的地质时代。

人类活动造成了空气污染等一系列环境影响。

在地质学中，**国际年代地层表**或**地质学时标**用于根据时间对地质地层进行分类。这种分类法对描述地球历史上的每一个时刻并关联地球上发生的事件有很大帮助。因此，地球的历史按地质年代划分为**宙、代、纪、世和期**，其持续时间取决于不同的事件，如大灭绝，这些事件在地质地层中可以被识别。按照这一分类标准，我们目前处于**全新世**，一个属于第四纪的时代。它开始于大约1.1万年前，在最后一个冰川期之后。

从形式上看，我们仍然生活在全新世，但科学界目前正在争论是否可以将人类的行为视为一个新纪元的起点，并将其命名为人类世。要定义一个地质时间，并将其纳入国际年代地层表，必须在岩石和沉积物记录中找到其证据。我们知道，人类活动正在影响不同的环境过程。然而，并非所有影响都能够在地质记录中检测出来。已经提出的有以下3点：

1. 首先侧重于旧石器时代**狩猎采集社会**对动物群落的影响。

2. 其次关注的是**农业的出现**以及生态系统的改变和破坏。

3. 最后出现在**工业革命**时期，当时对全球生物地球物理周期的影响最大。这一点被称为"**大加速**"，具体的起始日期是1945年7月16日，即第一颗原子弹在新墨西哥州沙漠被引爆的那一天。爆炸中释放的放射性同位素分散在世界各地，可以在沉积物中追踪到。这一事件可被视为类似于铱的水平，铱是一种在6500万年前导致恐龙灭绝的陨石撞击中产生的化合物。

夏威夷独特的技术化石

在夏威夷的海滩上，地质学家发现了一种他们称之为塑料岩球的岩石。它是塑料因火灾或靠近熔岩而熔化形成的。当塑料熔化时与岩石和沙子混合，或从地面裂缝中渗出。这样，当它凝固时，就会形成一个砾岩，沉积在海底的沉积物中，这种材料在地质记录中不会持续太久，因为岩石所承受的高温和压力会破坏塑料。

技术化石

其他类型的人类世证据被称为技术化石。在一些沉积物堆积的地区，如海岸和海滩，会产生一种被称为**海滩岩**（*beachrock*）的岩石，这种岩石由砾石、沙子和淤泥胶结而成。根据其发生的位置，海滩岩可以捕获贝壳或珊瑚的碎片。这一过程也发生在受人类活动干扰的地方。例如，从1902年到20世纪80年代，西班牙矿业公司Altos Hornos de Vizcaya的活动在海岸上形成了来自废弃铁渣的黑色岩石沉积物。这些沉积物最终混合并凝结了砖块、玻璃和塑料残骸，研究人员开始称之为技术化石。

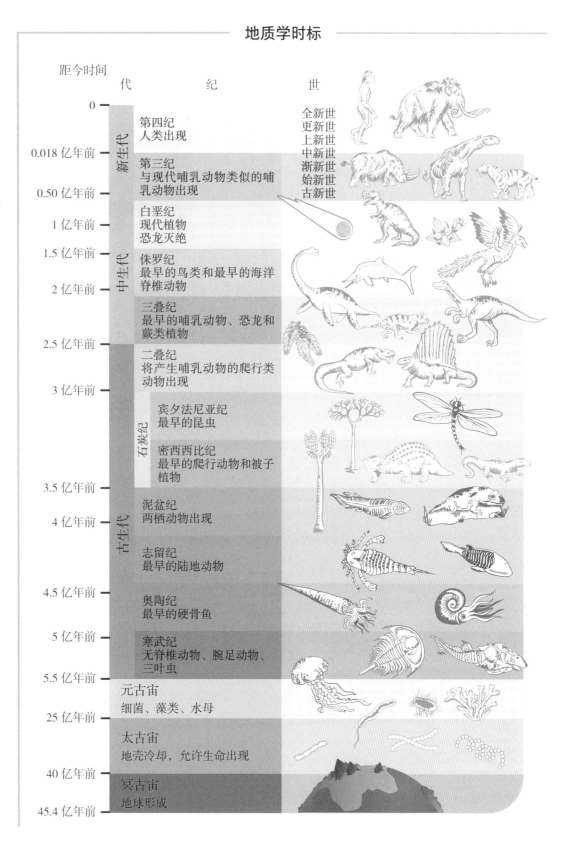

地质学时标

距今时间	代	纪	世
0	新生代	第四纪 人类出现	全新世 更新世 上新世
0.018 亿年前		第三纪 与现代哺乳动物类似的哺乳动物出现	中新世 渐新世 始新世 古新世
0.50 亿年前	中生代	白垩纪 现代植物 恐龙灭绝	
1 亿年前			
1.5 亿年前		侏罗纪 最早的鸟类和最早的海洋脊椎动物	
2 亿年前		三叠纪 最早的哺乳动物、恐龙和蕨类植物	
2.5 亿年前	古生代	二叠纪 将产生哺乳动物的爬行类动物出现	
3 亿年前		石炭纪 宾夕法尼亚纪 最早的昆虫	
3.5 亿年前		密西西比纪 最早的爬行动物和被子植物	
4 亿年前		泥盆纪 两栖动物出现	
4.5 亿年前		志留纪 最早的陆地动物	
5 亿年前		奥陶纪 最早的硬骨鱼	
5.5 亿年前		寒武纪 无脊椎动物、腕足动物、三叶虫	
25 亿年前	元古宙 细菌、藻类、水母		
40 亿年前	太古宙 地壳冷却，允许生命出现		
45.4 亿年前	冥古宙 地球形成		

生物圈和人口

社会系统授予生态系统相同的基本物理定律支配，并与之相结合。学者采用这种观点可以将人类系统作为与环境相互关联的生态系统进行研究，从而产生了被称为**人类生态学**的学科。

有时，某种浪漫主义自然观宣扬生物圈与人类格格不入，认为人类与之共存，使用其服务并破坏生物圈，故应保护生态圈，但人类并不是其组成部分。这种设想与现实不符。事实上，**人类物种是生物圈的一部分**，依赖于其生态系统服务，同时作为系统的另一个元素对其产生影响。

人类影响生物圈动态的一个最明显的方式是改变某些生物地球化学循环。

- **磷循环**。我们能够从矿床中提取磷（见第116页"上升流区和磷矿床"），并通过在农业中不经意地大量使用这种元素，将其送回大海。

- **氮循环**。（见第24页"营养素的循环"）。氮是大气中含量最丰富的气体，但它的形式——分子氮（N_2）不能被植物利用。然而，通过某些化学过程，可以将这种分子转化为其他可供光合作用者使用的分子，这种现象被称为"固氮"。

在野生世界中，主要由与某些植物（如豆类）共生的细菌发挥这种作用，也可以通过雷击时大气中的氮和氢之间的反应而发生。然而，目前，大气中氮气的主要固化者是人类，自20世纪初以来，人类开发出了各种工业流程，将这种气体转化为肥料和其他产品。

加速这些生物地球化学循环的能力主要是由于我们掌握了**外生能量**（见第142页"什么是城市生态学？"），所以我们能够综合其他因素共同开发了一个能生产大量食物的农业系统。这就是所谓的**绿**

美国加利福尼亚州南奥兰治县拉德拉牧场的大型住宅区鸟瞰图，这是一个规划设计合理、空间结构优越的社区。

色革命，始于20世纪60年代的美国（见第82页"农业"）。然而，该系统基于**不可再生能源**这一事实影响了其可持续性，因此我们需要技术进步来实现**可持续的农业食品模型**。

生育控制

人类对人口过剩后果的恐惧往往导致采取激进的生育控制措施。直到大约18世纪，人类的数量或多或少地呈线性方式增长，在该世纪中期左右达到约8亿人。然而，工业革命带来的**可用资源的增加**，以及医学和健康领域的发展，使得人口开始呈指数级增长，就像任何物种的种群在发现自己拥有**非常丰富的资源并且缺乏捕食者**或其他限制其增长的因素时所发生的一样。20世纪的绿色革命和科技进步，使这种指数级增长持续至今，世界人口已接近80亿。到2050年，这个数字可能会达到97亿左右，到2100年，在增长开始停滞之前，可能会达到110亿左右的人口峰值。

然而，据观察，发达国家的出生率会**自行下降**，而无须采取具体措施。社会研究发现了一些促成这种现象的因素，包括女性获得避孕药具，使其可以通过避孕药具控制生育；女性进入劳动力市场，这在许多情况下意味着她们的优先事项发生了变化或可用时间减少；基础义务教育的普及和禁止使用童工，使儿童难以对家庭经济作出贡献，他们的成长需要付出更多经济代价；或者存在养老金或老年援助制度，从而消除了生育孩子以便在其年老时得到照顾的需要。

如此看来，社会福利和抑制贫困似乎是稳定一个国家人口结构的有效手段。

人类生态学

人类生态学认为，人类社会和生态系统是密切相关的，二者相互交换物质和能量，并以采取的形式相互影响。

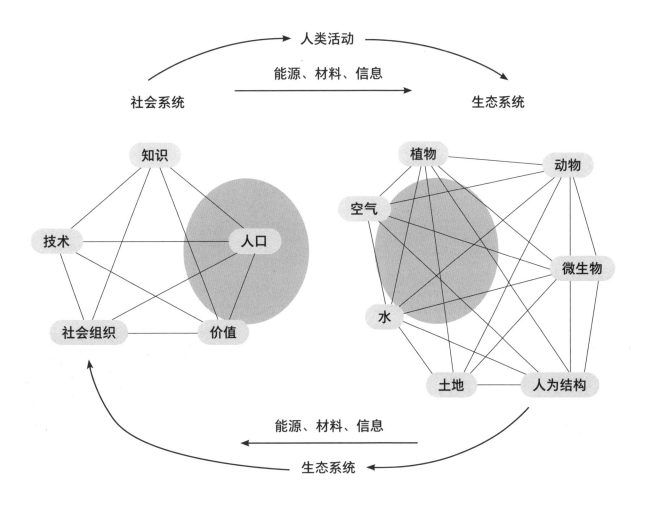

环境影响

特别是自人类文明兴起以来，人类从未停止过对环境的改造。尤其是在工业社会中，技术发展明显地提高了这种能力，以至于有必要开发管理工具来进行自我限制。

所有人类活动都有改变环境的作用。对其改变结果的评估称为**环境影响**。这些影响可以分为多种各不相同的**类别**，其中最突出的分类标准有：

- **根据影响持续的时间**，可分为暂时性影响，如建筑工地产生的噪声污染；或永久性影响，如建筑物所在的土地被破坏。
- **根据影响是否可逆**，可分为可逆影响与不可逆影响。以土壤退化为例，是否允许当地的生态系统再生，土壤退化到一定程度可以恢复（可逆），但超过一定限度就会导致荒漠化（不可逆）。
- **根据严重程度**，可分为最低、中度、高度等影响。
- **简单影响或协同影响**。前者是本身就意味着改变的影响，后者是那些由其他不同的影响重合而产生的影响。
- **积极影响和消极影响**。后者的含义是众所周知的，而前者可以通过生态恢复起到作用。

在菲律宾修建的这条公路，既涉及暂时性影响（如工程施工产生的噪声或灰尘），也涉及永久性的影响（如对土壤的破坏或车辆交通造成的污染）。

环境影响评价制度

20世纪60年代末，随着社会对环境问题的日益关注，美国率先确立了**环境影响评价制度（EIA）**，这是一种法律和行政程序，旨在利用技术标准对项目进行评估，以便只批准符合最低环保要求的项目，从而避免对环境危害最大的项目。因此，法律规定了哪些项目需要进行环境影响评价（例如，在海滩或山地等自然环境中建造住房，开设采石场或拓宽高速公路），并要求项目发起人提交一份由专家进行的**研究报告**，由管理部门的技术人员进行评估，然后决定是否可以批准。

左图：一个建筑工地产生的噪声污染。中间：土壤退化是可以逆转的。右图：在亚马孙地区利用快速生长的物种帕里卡（*Shizolobium amazonicum*）与干草生产组成的联合体（农林系统）重新造林。

研究通常包含减少或补偿所造成影响的建议，即所谓的"**补救措施**"。例如，如果一个工厂的设施产生污染性废物或扰民的噪声，则研究可能包括处理废物的措施，或建立防止噪声污染的隔音措施。EIA包括几个阶段，其中一个阶段允许公民和民间社会组织提出其认为适当的主张，在项目执行期间，如果项目被批准，则需要进行监督，以确保遵守环境法规，并在必要时实施纠正措施。

在首批法律成功实施之后，这一工具已经在全世界范围内传播，因此许多国家已将各种环境影响评价制度法纳入其法律。然而，这一工具并非无人提出反对意见。以准确和客观的方式评估环境影响并不容易，为此，需要使用各种类型的指标。

这些指标的选择，虽然是根据客观数据构建的，但有时也会引起争议。一定程度的主观性往往会干预专家的评估，专家通常会带着某种偏见给出有利于研究出资人（通常也是项目发起人）的意见。我们希望公共管理部门技术人员的判断能够弥补这种弊端，但他们无法确保始终完全不受压力（尤其是政治压力）。因此，尽管环境影响评价制度应当是一种技术手段，以确定某一行动在环境上是否可取，但也往往会受到经济或政治利益的干扰。

无论如何，尽管存在这个明显的缺陷，但如果没有这一程序，工业社会的发展对环境的破坏性可能会比实际情况大得多，许多沿海国家将因旅游压力而崩溃。这使得它成为保护一个地区的环境价值和实现可持续发展的宝贵工具（尽管还不够）。

小影响累计

正如第134页"旅游业和沿海地区的退化"的内容，不仅仅是大型项目会产生影响，小型活动，例如在乡下简单的散步，也会产生影响，如水土流失，对植物的损害或对野生动物的干扰。这些小的影响通常影响极小，但当这些小型活动过多时，其总和就会导致对环境的重大破坏。例如，野生动物物种的实例就十分常见，有时甚至是濒危物种，它们的行为会因游客过多而改变，这种影响近年来正在加剧，因为好奇心强的人们经常试图与动物合影以便在社交网络上分享。其他时候，游客还会给它们喂食，导致它们的饮食习惯改变，甚至可能对人们提供的食物产生依赖。

年轻人与长尾叶猴合影留念。这些长尾叶猴离开与世隔绝的岩石森林，到泰国班武里府造访，以寻找食物。

在澳大利亚塔斯马尼亚的森林里，妇女在喂养澳大利亚有袋动物。

什么是城市生态学？

城市是文明的核心，不了解城市现象就无法理解人类的发展。城市生态学提供了一些非常有用的概念性工具，有助于学者分析这些系统。

人类的特殊性之一是可以使用两种能量：

- **内体能量**，是我们的身体从食物中提取的能量，用于生活和执行我们可以用肌肉力量完成的任务。

- **外在能量**，这是来自其他能源的能量，我们已经学会利用这种能量来实现我们的目的，例如，我们用火的热量烹饪食物，或用风的力量推动风车转动。

人类的另一个特征是**技术**的发展。将**工具**作为我们身体的延伸，如同"外在器官"一样，使我们能够克服自己的生物极限，完成我们无法完成的任务。

工具和外在能量的**结合**赋予了我们改造和控制环境的巨大力量。**农业**的发展就是一个例子。早期农民不得不用简陋的木制和石制锄头，利用其手臂的力量耕地，之后他们发明了犁，并学会利用其他动物的拉力。**蒸汽机**的发明使我们有可能实现新的质的飞跃，制造出以煤炭燃烧所提取的能量为动力的拖拉机，经过不断发展，直到今天，拖拉机以石油为动力源，因为石油产生的能量更大。

恰恰是**新石器时代**的农业革命，促进了**城市**的形成。部落不再被迫四处寻找食物，相反，他们必须在拥有肥沃土地和水源的地方定居。还需要有粮仓来储存粮食，而剩余的粮食将促进人口增长，这使得他们发现聚集在大型的、易于设防的核心地区以抵御其他敌人的攻击是十分有利的。由于不再需要每个人都参与获取食物的活动，劳动的专业化会得到加强，许多人现在可以从事不同的行业，包括体力和智力劳动。

城市化推动了财富和贸易的产生，因而需要管理越来越多的人，这就导致了精英和不同社会阶层的出现。

由于技术的先进性和更大地利用外生能源的能力，城市越来越多地摆脱了环境的限制。现在，在沙漠中部存在繁荣的、人口众多的城市。然而，他们需要越来越多的资源，仅靠自给自足是不够的，他们的行动范围扩大了，可以从更远的地方获得需要的东西。在全球化时代，地球的体积成了限制。

这个过程展示了城市如何成为产生**信息**（知识、文化、技术……）的中心，并创造出可以使用或与外界交换的成品（工具、服装、家具……）。此外，由于政治和军队的出现及其经济实力，城市能**够控制自己的环境**。为此，城市必须吸收和积累大量的材料和能源，同时会产生废物，这些废物被丢弃在城市外。城市本身提供了促进这些进程的基础设施：输水管道、处理废物的下水道和废物收集系统、运输能源的线路等。

这种描述使我们能够将城市想象成与环境保持**营养关系的系统**，类似于一个**超级有机体**。正如我们所说的"新陈代谢"是指生命体在内部转化物质，产生组织、能量和废物的过程一样，**城市新陈代谢**包括城市与环境交换物质、能量和信息的过程。其中一部分是内体代谢，即居住在城市中的生物（包

城市代谢

输入　　　　　　　　　　城市系统　　　　　　　　　　输出

原始资源
燃料 / 能源
矿物质
水
食品 / 生物质
其他

与产品合并的资源
燃料 / 能源
水

城市系统内的
物质积累

从城市系统流入和
流出的物质 / 能源

资源转换

回收

排放 / 污染
大气排放
水生污染物
固体垃圾

制成品

产品中包含的
材料 / 能源

括人类）本身的代谢，另一部分是外生代谢，这与工业、交通或通信等的运作有关。

此处提出的这些概念，属于**城市生态学**。该学科提供了一种非常有用的方法来理解城市如何运作，并为规划更加高效、可持续和环保的城市找到建议和解决方案。

分散型与紧凑型城市

除了物质和能量的流动，学者从城市生态学的角度还分析了其他方面。其中之一是**空间**：空间的组织方式决定了城市的运作。这就是**城市规划**学科如此重要的原因，它可以帮助我们找到**规划**城市核心的最佳方式：在哪里最适合设置绿地，某些街区是向交通开放还是向行人开放，等等。

如何解答这些问题很重要，其结果体现在城市模式的紧凑度和分散度之间的比例上。

- **扩散或分散型城市**。在20世纪中期，一些城市规划者认为，根据城市的功能，将城市划分成若干部分进行规划，效率会更高。因此，形成了人们居住的**住宅区**，**工作场所**所在的其他社区，以及有大型**购物**和**休闲中心**的社区。这种"扩散"或"分散"的城市模式在美国和澳大利亚等国家非常普遍，并越来越多地扩展到欧洲、拉丁美洲和其他地区的大都市。然而，这种模式已经显示出严重的缺陷。分散型城市占据了大片区域，不同的地方相距甚远。在一个分散型城市中，公共交通的效率相对较低，私人车辆对居民的出行是至关重要的。

- **紧凑型城市**。这类城市以比较传统的城市为代表，如许多欧洲城市。在这里，住房、学校、商店和娱乐场所相对混合；居民与要去的地方的距离较短，连接网络更加密集，这使得出行更有效率。不同空间的分布也影响了城市居民的社交方式，因此，所选模式的影响不仅仅在于能源消耗等方面。

城市中的生物多样性

大多数人可能不会用生物多样性或野生动物等概念来识别一个城市，因为城市是高度人类化的环境，由人类设计，供人类居住，而其代价是牺牲了以前可能存在于同一场所的生物栖息地。但是，有许多物种已经设法适应城市生活。

城市环境是一个**动态空间**，近几十年来发生了很大的变化。城市的扩张、交通增加、建筑或城市规划的变化，以及公园、花园和其他绿地或多或少都会影响不同物种适应城市的可能性。

最近的各种研究向我们展示了不同的**物种**是如何不断**适应**城市条件的。其中一些适应性表现在生活在城市中的某些动物的**体形**上。众所周知，城市空间内出现的较高温度导致城市居民的新陈代谢加快，而这又与较小的体形一致。例如，在某些蜘蛛和甲虫身上已经出现这种情况。然而，城市也是高度分散的栖息地，绿地、湿地、花园等被街道、林荫道和建筑物隔开。一些动物物种的散布能力也与体形大小有关，因此，动物越大，散布能力越强。

位于阿根廷布宜诺斯艾利斯的科斯塔内拉苏尔生态保护区，正在努力保护其生物多样性。

从这一点出发，可以观察到城市中生活环境有利于较大的直翅目动物（蟋蟀和蚱蜢）和蝴蝶。另一个对城市环境的适应情况是在各种鸟类中发现的，由于噪声，它们被迫**改变叫声**甚至行为（见第146页"声音和噪声污染"）。

与任何生态系统中的情况一样，**初级生产者**，即陆地生态系统中的植物，对群落的其他部分具有决定性的影响。这是因为城市动物群大都与树木繁茂的地区有关，如公园、公共和私人的城市花园。

城市中的生物指示器

与我们共享城市的生物有时可以作为生物指示器。换句话说，它们可以间接地为我们提供关于某些环境参数的信息。地衣就是一个例子，它们常常栖息在屋顶、墙壁和树干上的生物。众所周知，这些生物对空气污染很敏感，因此通过观察它们在哪些地方的数量较多，哪些地方的数量较少或不存在，就有可能绘制出城市污染地图。此外，不同的地衣对不同的污染物可能更敏感或更不耐受，所以识别该地区的物种也为我们提供了有关空气中存在的有害物质的信息。

空气污染浓度

除臭氧污染外，空气污染造成健康危害的主要因素是颗粒物。具体来说就是被称为"PM2.5"的极小颗粒物，是直径小于2.5微米（μm）的颗粒。较小的颗粒往往会对健康产生更多的不利影响，因为它们可以进入呼吸道并影响呼吸系统。世界各地暴露于PM2.5的情况有何不同？在世界银行2016年绘制的地图中，我们可以看到每年人口加权平均暴露于PM2.5的分布情况。我们看到各国之间的暴露水平差异超过10倍。在非洲和亚洲的许多中低收入国家，污染暴露程度很高。特别是北非，其浓度非常高，部分原因是干燥的条件下沙子和灰尘较多。在那里，暴露量可以达到每立方米200微克（μg）。而瑞典的暴露水平为5微克/立方米，仅为北非的1/40，差异很大。

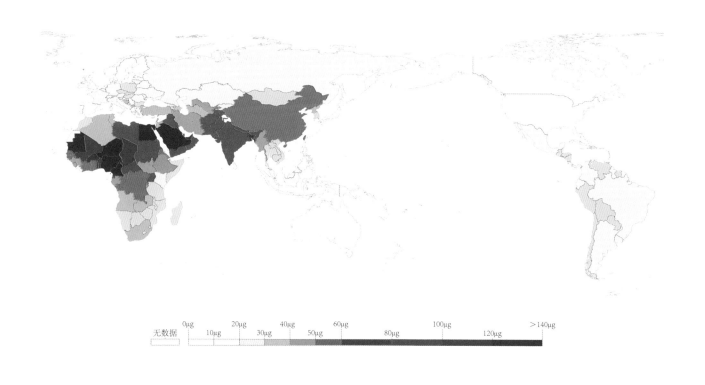

这就是为什么一些研究发现，高档小区（通常带有庭院或花园）的房屋比贫民社区（通常是没有花园的小公寓）的房屋有更高的昆虫生物多样性（这并不意味着它们是害虫）的原因之一。另外，众所周知，与引入物种相比，**本地植物**的存在有利于这些昆虫生存，因此沿着这个链条，也为以它们为食的鸟类提供了有利条件。

城市中心也经常有"野生居民"来访，它们在**垃圾**箱或公园里寻找**食物**，与市民产生冲突。有时，当人类活动本身导致其栖息地改变，从而导致食物短缺或其他不平衡时，这些动物可能是出于生存的需要而到城市中觅食；还有一些情况，它们到访的原因只是发现在这里比在其栖息地更容易获得食物。一个日益增长的案例是**野猪**，由于多种原因，野猪越来越频繁地进入许多欧洲城市。**浣熊**的情况也是如此，这种源于美洲的机会主义物种，最初被作为宠物引进，后来被遗弃或逃逸，在欧洲已成为入侵物种。

声音和噪声污染

不同种类的动物（包括陆生和水生动物）都通过声音来交流或感知它们的环境。然而，城市和技术的发展产生了各种各样的声音，这些声音以前在自然界中并不存在，可以被视为一种声学或噪声污染。

在物理学中，**分贝（dB）**是用于表示声音强度的量度单位。与其他量级不同，它不是线性刻度，而是对数刻度。例如，2千克的面粉等于1千克的两倍。但是，当一台家用电器产生50分贝的噪声时，意味着它的噪声是发出40分贝的电器的10倍，是发出30分贝噪声的电器的100倍。换句话说，噪声以10的幂数增加。我们必须记住，这个幅度是参照人耳的灵敏度来衡量的。

另一个衡量声音的单位是**赫兹（Hz）**，用于衡量声波的频率。人耳可以感知的频率范围是20～2万赫兹。高于2万赫兹，我们称为**超声波**，如超声波扫描中使用的超声波或蝙蝠用于狩猎的回声定位。低于

动物听觉的频率范围

人耳适应于感知20～2万赫兹的声音。在动物界，我们发现了一些其他物种能够听到的声音频率。

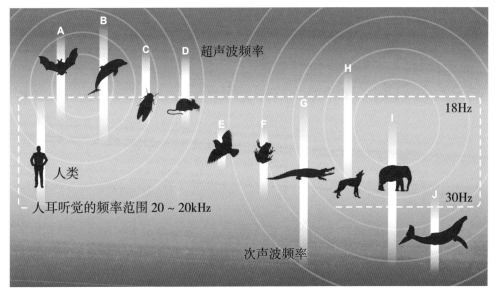

A. 蝙蝠
2 千赫兹～120 千赫兹

B. 海豚
75 赫兹～150 千赫兹

C. 昆虫
10 千赫兹～80 千赫兹

D. 大鼠
900 赫兹～79 千赫兹

E. 鸟
1 千赫兹～4 千赫兹

F. 青蛙和蟾蜍
50 赫兹～4 千赫兹

G. 鳄鱼
16 赫兹～18 千赫兹

H. 狗
64 赫兹～44 千赫兹

I. 大象
17 赫兹～10.5 千赫兹

J. 蓝鲸
14 ～ 36 赫兹

20赫兹的是**次声波**，用于监测地震，也出现在鲸鱼或大象等动物之间的交流中。

城市是以**噪声**为特征的环境。以下是我们在其中发现的一些代表性的噪声：

- **汽车**产生70分贝的噪声。
- **气动锤**发出100分贝的噪声。
- 飞机起飞时在**机场跑道**发出的噪声为120或130分贝，这一水平接近人类疼痛阈值140分贝。

世界卫生组织推荐的最高安全噪声暴露水平是85分贝，持续时间不超过8小时，但科学界对超过60分贝的噪声水平是否会对人类健康产生影响存在争议。

噪声污染也影响到生活在城市环境中的**动物**。例如，城市中的鸟类暴露在持续的低频背景噪声中，因此，一些物种的雄性（如北美山雀或蓝山雀）被迫发出更高的音调，以便雌性可以听到。其他物种，如知更鸟，则选择在夜间或凌晨时分歌唱，因为此时环境中的噪声较小。但如果噪声太大，鸟儿会选择不鸣叫，导致其繁殖能力下降，或者直接离开这个环境。

海洋生态系统

在海洋生态系统中，海水的物理特性导致声音会传播得更远、更快。这就是某些种类的鲸鱼可以在数百千米外进行交流的原因。在这些地区，有不同类型的噪声污染源。例如，**勘探船上的空气炮**产生200分贝的噪声，探测潜艇使用的**军用声呐**产生235分贝的噪声。这是因为海中的声音比空气中的声音大60分贝左右。但应该强调的是，这些噪声水平是根据人耳的敏感度而定的。因此，对某些物种来说，噪声可能是轻声细语，也可能会带来严重的后果。鲸鱼就是这种情况，它们的听觉一旦受到噪声影响，最终会与船只相撞或在海滩上搁浅。

海上交通产生的这些**低频**声音不仅影响大型哺乳动物，还可以影响如牡蛎等无脊椎动物，它们会在一定频率的声音下关闭外壳。具体来说，发表在《公共科学图书馆一号刊》（*PLoS ONE*）杂志上的研

分贝（dB）标度

分贝用于表示声音强度的大小。因此，当谈到噪声时，在相同的幅度下，总是以人耳的敏感度作为参考。

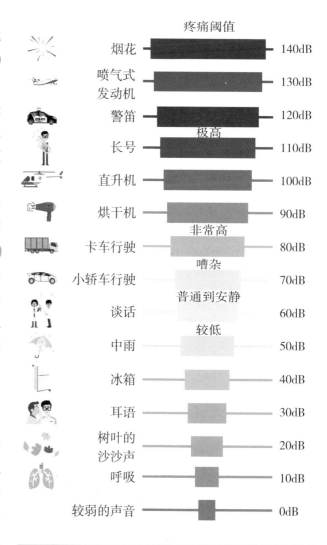

		疼痛阈值	
	烟花		140dB
	喷气式发动机		130dB
	警笛		120dB
	长号	极高	110dB
	直升机		100dB
	烘干机		90dB
	卡车行驶	非常高	80dB
	小轿车行驶	嘈杂	70dB
	谈话	普通到安静	60dB
	中雨	较低	50dB
	冰箱		40dB
	耳语		30dB
	树叶的沙沙声		20dB
	呼吸		10dB
	较弱的声音		0dB

究发现，10～1000赫兹的声音会对软体动物造成压力。这些动物已经习惯了海浪或水流的背景噪声，但不习惯船舶、爆炸甚至风力涡轮机的沙沙声所产生的噪声。

噪声污染对海洋动物的影响可能会传递到它们居住的其他生态系统中。行为变化甚至物种的局部消失都可以改变支配生物种群、食草动物的控制或初级生产者增长的动态。

人造光和光污染

光污染是由城市地区过度使用人工照明引起的。在整个进化过程中，动物和植物物种已经适应将其生物周期与太阳的动态相协调，甚至适应了星星或月亮发光或反射光的规律。因此，人造光的出现对它们造成了影响，它们的生存受到威胁。

城市地区的发展导致了与城市和城镇的照明有关的新型污染。最近的研究表明，人工照明会对动物的活动产生负面影响。

在世界各地，各种哺乳动物、鸟类、两栖动物、爬行动物、鱼类和节肢动物都受到定位问题的困扰，其生物周期也被迫改变。

- 候鸟。光污染使它们无法得到星星的指引，导致它们迷失方向，最终可能会与灯光明亮的建筑物相撞。城市光线对生活在城市中心附近的鸟类也产生了影响。

西班牙巴利阿里群岛的海燕就属于这种情况，被认为是欧洲最濒危海鸟的巴利阿里海鸥也受到影响。它们的幼鸟在夜间进行第一次飞行，但高水平的光污染使它们感到困惑，导致其可能死于碰撞和碾压。

- 海龟。这些爬行动物夜间在海滩上产卵和孵化，它们必须尽快找到大海，以避免被捕食者捕获。在正常情况下，它们通过寻找光线最好的地方来实现这一目标，因为星光和月光会在水中反射。然而，光污染使它们变得困惑和迷失方向，从而无法找到自己的家。

- 夜行性昆虫。这种动物可能通过以下3种方式受到影响。

因禁效应：生活在城市环境中的昆虫被灯光吸引，最终因疲惫、烧伤或被捕食而死亡。

屏障效应：照明可以防止昆虫迁移或扩散。

真空效应：指从自然栖息地被吸引到城市环境的节肢动物物种因光污染而减少。在高速公路或公路上开设加油站时，通常会出现这种情况。起初，这些地点吸引了许多昆虫，

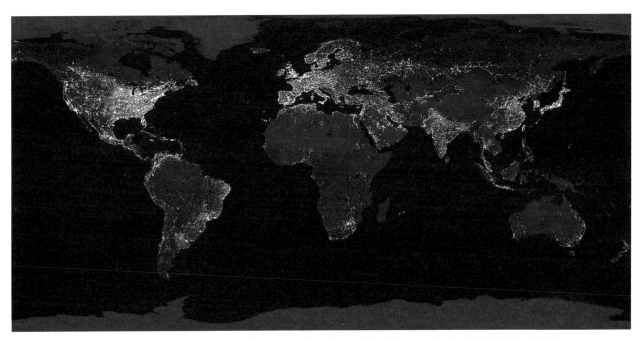

由于科技发展，城市拥有更好的照明条件。这导致了光污染，甚至从太空中都可以看到。（上图系原书插图）

解决光污染问题

　　鉴于光污染对人类和野生动物的影响，人们正在提出并研究各种措施以减少其影响。解决办法之一是避免向天空发射光线，并引导其向下发射，即水平照明，将光线集中在地面或真正需要的地方。

过去的技术
向上照明占 25%
向下照明占 75%

LED技术
向上照明占 0.5%
向下照明占 99.5%

　　但随着时间的推移，它们的数量因种群枯竭而下降。根据一些估计，德国每年夏天约有10亿只昆虫因光污染而死亡（见第90页"昆虫的衰落"）。

　　因此，人们正在研究在不影响生物多样性的情况下确保城市正常照明的最佳方式。这些建议不应该与使城市的光线更暗甚至不安全相混淆，因为这些措施旨在优化对光的使用，同时尽可能地减少对环境的损害。这些措施包括不使用以紫外线或蓝光范围内的波长发射的照明设备，因为这种设备的危害最大。此外，还建议禁止使用"光炮"（light cannons）以及规范装饰性、纪念性和广告性照明的使用。

光污染和植物

　　对昆虫群落的影响也可以传递到生态系统的其他部分，因为这些动物是其他动物的食物，并执行授粉等生态功能。这样一来，植物就会因为失去对其繁殖至关重要的物种而受到影响。此外，我们在植物界也发现了直接的影响，例如由于过度的光合作用而导致的异常生长和开花周期的改变。

　　同样，通过影响植物物种，光污染的影响可以传递到整个生态系统，因为植物属于初级生产者。这种影响可能会阻止在城市环境中建立丰富的生物多样性，给绿色城市的发展带来一系列问题。

什么是可持续性?

　　面对人类社会发展所造成的不同环境影响,资源开发和现行生产体系的不可行性已经十分明显。出于这个原因,基于可持续发展概念的新模式正在各个领域中实施。

可再生能源提供了实现更加符合可持续发展概念的能源生产的可能性,但其对环境的影响也不会是零。

　　根据联合国报告,未来社会将面临的问题之一是**人口增长**(见第138页"生物圈和人口")。一些国家,如印度,正在经历人口激增和社会**工业化**。这带来了达到西方世界生活标准的愿望,而这是一个巨大的挑战,因为并不能将较富裕国家的模式视为对地球有益。

　　纵观历史,特别是在过去几个世纪,人类对环境造成了无数的**影响**。由于社会的发展没有考虑到其造成的后果,如今,**生态系统的崩溃**和**物种的灭绝**相继发生。通过对全球生态足迹的分析,我们得出结论:当前的模式已经变得不可行。为了说明这一点,致力于研究生态足迹的国际组织"全球足迹网络"每年都会确定"地球生态超载日",这个日期标志着资源的过度开发超过了地球的再生能力的日期。2019年的"地球生态超载日"为7月30日,比1971年首次提出这个概念时提前了两个月。

　　由于对所产生问题的**认识**,出现了可持续发展等概念,旨在寻求生物圈与人类文明的和谐共处。

　　2005年,社会发展问题世界首脑会议围绕3个领域确定了**可持续发展**的目标:环境、经济和社会。这个愿景通常用3个重叠的椭圆予以说明,表明这3个支柱并不相互排斥,而是可以相互加强。旨在通过这种方式,使人类系统向平衡的形式转变,即在经济和社会发展的前提下,人类在从事资源开发、不同的活动和技术发展时,均考虑到其对生物圈的影响。

　　通过来自不同科学领域的研究,我们知道人类社会需要生态系统和环境才能生存。另外,我们也意识到许多自然资源不是无限的,因此必须以允许其更新的方式来管理。地球科学、生态学和保护生物学等学科的研究使我们能够更好地了解我们生活的自然系统并采取相应的行动。此外,从**可持续发**

可持续发展的支柱

　　可持续性发展必须建立在3个支柱之上:生态、社会和经济。通过这种方式,在社会所依赖的生态系统之间寻求平衡,同时促进经济发展和社会福利。

生态足迹

"生态足迹"一词是指一个人、一个城市、一个行业或一个国家需要多少地域面积，来生产所需资源和吸纳所产生的废物。要计算生态足迹，需要考虑到消耗的资源和产生的废物，并以全球公顷数表示。全球足迹网络的这张地图直观地体现了生态足迹的分布情况。

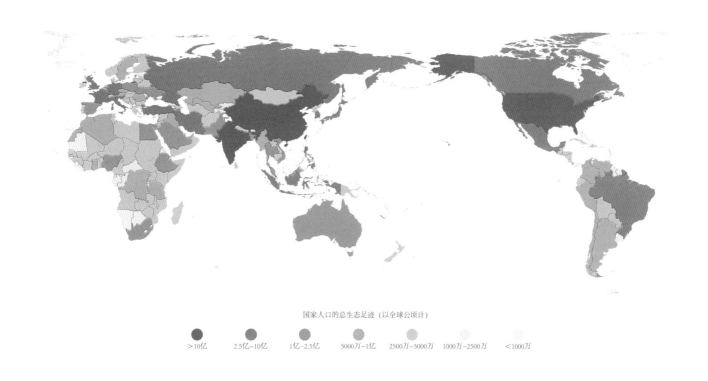

国家人口的总生态足迹（以全球公顷计）

>10亿　2.5亿~10亿　1亿~2.5亿　5000万~1亿　2500万~5000万　1000万~2500万　<1000万

展的角度来看，工程技术的进展也使得开发更加清洁和环保技术成为可能，例如对环境更加友好的**可再生能源**。

但是，我们必须牢记，任何技术或社会发展都会对生态系统产生一些影响，因为需要建立必要的基础设施。因此，必须将其对生态系统的**影响降到最低水平**：正是由于这个原因，生态系统**弹性**概念在可持续发展中变得十分重要，这个术语指的是生态系统吸收干扰并仍然保持其功能和结构的能力，通过这种方式，寻求自然生态系统能够承受人类干扰的方法，从而确保资源可供子孙后代持续使用。

另外，我们也不应忘记可持续发展的**社会视角**，这是一项涉及人权、城市规划和交通、生活方式改变或负责任消费的挑战。因此，社会和经济科学在这一领域也很重要，可以为城市和城镇的重组

或经济模式的评估提供思路。

在**经济学**领域，可持续性与当前的线性系统相反。因此，一种资源被利用来生产一种产品，最后被丢弃或产生一系列的废物。这种模式在各个阶段都会对生态系统产生影响，如污染或生境的破坏。面对这种情况，人类提出了替代模式，追求所谓的**循环经济**，旨在消除浪费，实现资源的持续利用。这一目标基于**再利用**、交换、恢复和回收，从而形成闭环系统，将获得资源的不良影响降到最低，同时减少污染和排放。简而言之，它是在环境或生态系统中观察到的系统的复制。然而，这些模式也必须避免社会或经济生活质量的损失。

为了改变目前的模式，联合国制定了2015至2030年的一系列**可持续发展目标**，由17个目标和169个指标组成，其范围包括气候变化、经济不平

循环经济

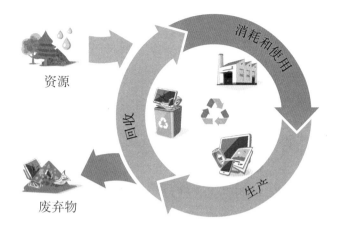

循环经济的目的是避免废弃物的排放，废弃物被工业重新使用，从而减少资源的消耗。

等、创新和可持续消费。共有193个国家批准了该议程，该议程于2016年1月1日开始生效。然而，我们应该注意的是，其实施不应仅仅掌握在政府手中，而应确保整个社会都必须遵守。

联合国全球通信部制定了一系列的可持续发展目标，各国必须在2015～2030年实现这些目标。这些目标是在可持续发展的基础上达成的，因此旨在实现生态系统、社会和经济之间的平衡。

消除世界上所有形式的贫困。

消除饥饿，实现粮食安全和营养改善，促进可持续农业。

确保所有年龄段的人群都拥有健康的生活并提高其福祉。

确保包容、公平和优质的教育，让所有人终身享有学习机会。

实现性别平等，保障所有妇女和女童的权利。

联合国可持续发展目标（2015～2030年）

6. 清洁饮水和卫生设施

确保为所有人提供水和环境卫生并对其进行可持续管理。

12. 负责任消费和生产

确保采用可持续的消费和生产模式。

7. 经济适用的清洁能源

都能获得经济、安全、可持续的现代能源。

13. 气候行动

采取紧急行动应对气候变化及其影响。

8. 体面工作和经济增长

促进持续、包容和可持续的经济增长，促进充分的生产性就业，促进人人享有体面的工作。

14. 水下生物

保护和可持续利用海洋和海洋资源，以促进可持续发展。

9. 产业、创新和基础设施

建设有抵御灾害能力的基础设施，促进具有包容性和可持续性的工业化，推动创新。

15. 陆地生态系统的生命

保护、恢复和促进陆地生态系统的可持续利用，可持续地管理森林，防治荒漠化，制止和扭转土地退化，制止生物多样性的丧失。

10. 减少不平等

减少国家内部和国家之间的不平等。

16. 和平、正义与强大机构

促进和平和包容的社会，以实现可持续发展，使所有人都能获得司法救助，并在各级建立有效、负责和包容的机构。

11. 可持续城市和社区

建设包容、安全、有抵御灾害能力的可持续城市和人类社区。

17. 实现目标的伙伴关系

加强执行手段，恢复可持续发展全球伙伴关系的活力。

常用术语

半深海带
位于中上层带以下的远洋带部分，最深达4000米，也被称为"午夜区"，因为光线无法到达这里。

本地物种
原产于某一特定地区的物种。一个本地物种不一定是地方性物种。它可以被称为原生种。

变温性
体温随环境温度被动变化的动物的特性。

表层动物
生活在水生环境底部或底栖区的动物。它们可以是固定在基质上的固定有机体，也可以是移动的生物。例如珊瑚或海星。

表层水带
远洋带的上部，最深达200米，其中有足够的光照进行光合作用。

冰架
在冰川或冰盖流向海岸或海洋表面时形成的厚厚的浮冰层。这些冰架只存在于南极洲、格陵兰岛和加拿大及俄罗斯的北极地区。

超级食肉动物
其饮食包括70%以上的动物源性食物的食肉动物。

超深海带
位于比深海带更深的区域，存在于大海沟中。

城市生态学
旨在研究城市环境中发生的生态过程的学科。

虫媒植物
一些植物的繁殖策略，包括通过昆虫来散播花粉，这些昆虫通常被其气味或外观吸引而来。

初级生产者
位于营养金字塔底部的生物体，通过从环境中获取无机营养物来合成自己所需的有机物。

初级消费者
指食物链中以初级生产者为食的生物体。这一层被食草动物占据。

次级消费者
指食物链中以初级消费者为食的生物体。这一层被食肉动物占据。

大灭绝
世界范围内大量物种消失的事件。要认定大灭绝事件，10%的物种必须在1年内消失，或在1～300万年内消失50%。

底层动物
生活在水底沉积物中的动物。

底栖带
由海洋底部构成的水生系统空间，可由沙、淤泥或其他沉积物组成，也可由岩石形成。

底栖生物
由生活在水生生态系统底部的生物组成的生物群落。

地方性物种
只有在某个地区才能找到的物种。

地质时代
用来测定地球地质时间尺度的单位。一个时代的持续时间是可变的，是地质学时间的最大分类之一。隶属于宙，并划分为纪。

短命植物
生活在沙漠等恶劣环境中，利用少数短暂有利时机，迅速发展和繁殖，完成其生命周期，并在其余时间保持种子形态的植物。

反馈
当某一效应引起另一效应，反过来加强（正反馈）或抑制（负反馈）第一个效应时，系统指向特定点的机制。在生态学中，正反馈稳定了生态系统的结构和动态，而负反馈则破坏了它们的稳定。

肥料
农业中用于为栽培的植物提供营养的各种物质。

分解者
以其他生物的尸体残骸中的有机物为食的生物。它们将动植物残体中复杂的有机物，分解成简单的无机物，释放到环境中，供生产者再一次利用。

分散剂
在石油泄漏方面，用于减缓原油和灾难期间产生的其他有毒物质带来负面影响的化学试剂。

风媒传粉
植物学术语，指一些植物以风为媒介的传粉策略。使用这种传粉策略的物种如松树和禾本科植物（如谷物）。

浮游动物
由动物组成的浮游生物。

浮游生物
一组生活在水生生态系统表面附近，保持漂浮状态的生物。

浮游植物
由光合作用生物组成的浮游生物。

复原力
生态系统吸收扰动的能力，使其结构和动态不受显著影响。

富营养化
水生生态系统被过量的营养物质污染，导致藻类过度繁殖，有机物产量增加，随后分解，最终将导致氧气耗尽的现象。

古气候指标
通过检查湖泊沉积物、冰盖、树干和其他元素来研究过去气候的指标。这些元素可能以某种方式记录了其形成时期气候条件的影响。

关键物种
由于其生物特性，制约着一个特定生态系统的结构和功能的物种。因此，如果该物种从系统中消失，该系统将受到严重干扰。

灌木层
位于地面和树枝下方的森林空间。可能被较小的植被占据，如灌木、蕨类植物或其他草本植物。

光合作用
许多自养生物，如植物、藻类或某些细菌，能够利用太阳能，从二氧化碳、水和无机营养物中制造有机分子，同时释放氧气的代谢过程。

光污染
在城市中心或人类基础设施中滥用照明造成的过度光照。这种污染对人们的健康和不同类型的生物都会产生影响。

过度捕捞
捕鱼量超过了鱼类资源的补给率，导致鱼类资源在中长期内枯竭的行为。

海洋酸化
由于海洋吸收大气中因自然和人为因素产生的二氧化碳，造成地球海洋pH值降低的过程。

海洋雪
生活在海洋表面附近的生物体的残骸，由于重力的影响，以类似于雪的方式沉降到底部。它们是深海区许多食物链的基础，由于缺乏光线，那里没有可以进行光合作用的生产者。

恒温性
某些动物保持体温恒定的特性。

互惠共生
两个物种互惠互利的关系形式。

化学合成
一些自养生物利用环境中无机物的氧化产生的能量，从无机营养物中制造有机分子的一种代谢过程。

环境影响
对人类活动造成的环境改变进行的评估。

荒漠化
不可逆的或很难逆转的土壤退化。这使得以前存在的植被难以生长。

回收利用

将废物转化为新产品或材料的过程。循环利用可以减少原材料消耗、能源使用和环境污染。

激流水

动态或流动的水体。它们是内陆水生生态系统的一部分。其中最具代表性的例子是河流。

寄生虫

以另一种生物体为食，对其造成伤害但不致其死亡的一种生物体。

静水

停滞或不流动的水体。它们是内陆水生生态系统的一部分。这些系统的代表性示例是湖泊和潟湖。

巨型动物

指大型动物的一个术语。虽然对于巨型动物的最小尺寸尚未达到明确的共识，但一个标准是将其用于质量与人类相似或大于人类的动物（其他作者可能将其限定在大得多的动物）。

聚丙烯

从丙烯中获得的一种聚合物，是用于制造塑料的物质之一。

聚氯乙烯

一种用于制造塑料的物质。其重要性在全球排第三位。

聚乙烯

一种聚合物，世界上大部分的塑料都是由它制成的，也是全球应用最广的塑料品种。

砍伐森林

人类造成森林面积减少的活动。

可持续性

寻求生物圈和人类文明共存的概念。可持续发展围绕3个方面—环境、经济和社会展开。

灭绝

在生物学中，构成一个特定物种或分类单元的所有个体的消失。物种的最后一个个体必须死亡，才能被认为该物种正式灭绝。

耐旱植物

适应缺水条件的植物。

内温性

某些动物通过自身的生理功能调节体温和产生热量的特性，这使它们能够保持或多或少的恒定温度而不受环境温度的影响。

鸟粪沉积物

某些动物（如蝙蝠或海鸟）大群聚集在某些地区，其排泄物堆积在一起形成的一种物质，是一种优质肥料。

栖息地

由特定物种居住的地方。具有特定的环境特征，可通过物理环境和存在的植被界定。

旗舰物种

是保护生物学中的一个概念，指能够吸引公众关注的物种。因此，该物种被视为自然保护的标志。

气象学

研究天气和陆地大气系统中发生的现象和规律的科学。

侵蚀

在土壤学中，指的是通常与人类影响有关的土壤破坏或风化过程。当它发生在岩石上时，这种现象是形成新土壤的基础。

群落生境

构成一个生态系统物理环境的一组元素，群落或生物群落生活在其中。

热点地区

地球上具有高度生物多样性的区域。将一个地区归类为热点或"生物多样性热点"的标准是，该地区必须至少有1500种地方特有的维管植物，且该地区必须已经失去了至少70%的原始栖息地。

人类世

科学界提出的继全新世之后的一个地质时代，即第四纪的最后一个时代。其始于旧石器时代、新石器时代还是工业革命时期尚存在争议。

入侵物种
由于其生物特性，对生态系统、区域经济或人类健康有负面影响的外来物种。

三级消费者
指在食物链中以次级和初级消费者为食的生物体。这一层被超级捕食性动物占据。

伞形物种
在保护方面，指的是对其进行保护，可以转化为对构成其生态系统的其他物种间接利益的物种。

散布
在植物学中，指的是植物用来繁殖种子的不同策略。最常用的方法是动物传播和风传播。

上升流区
大量的营养物质从深海上升到近海面的区域。该区域生物产量增加，通常是重要的渔场。

深海带
位于半深海带下方的远洋带，深度在4000～6000米，光线无法到达且处于高压条件下。

生态恢复
一套旨在恢复退化生态系统的技术，通过恢复阻碍生态系统自我恢复的错位生态过程。

生态位
一个物种在生态系统中所占据的空间。它不仅仅是一个物理空间，而是其生命发展的一系列不同维度的集合：物种生活的地方、习性、能够承受的温度和湿度范围、所吃的食物等。

生态系统服务
自然资源和生态系统为人类社会提供的一系列服务。这些服务可以分为4类：支持服务、供应服务、调节服务和文化服务。

生态演替
一个生态系统随着时间的推移所经历的有序和可预测的变化过程。通过这个过程，一些物种取代其他物种，系统变得更加复杂和稳定。

生态足迹
指为满足一个国家、城市、公司或个人的需求而产生的环境影响的指标。

生物地理学
生物学的一个分支，研究地球上生物的分布。这门学科还关注了解导致或破坏物种排列的过程。

生物多样性
指生命的多样性或差异性的术语。这个概念被认为有3个层次：物种的数量、群体中的基因或生态系统的类型。

生物量
在生态学中，它指的是一个人、一个群体或整个生态系统所积累的物质的数量，包括活的和死的。这一措施可用于所有类型的生物体。

生物圈
一个由地球上所有生态系统组成的系统，所有已知的生命都在其中发展。

生物群落
由居住在同一环境的物种组成的群落。它们与物理环境一起构成一个生态系统。

生物群落区
在一定的气候条件下，分布在大片地理区域的一组生态系统，以某种植被类型为特征。

生物指示器
通过观察其存在与否、丰度、大小或其他变量，揭示了其所属的生态系统状态有关信息的物种或其他生物群体，如污染。

嗜热生物
已适应火灾频发环境的生物，这种生物已经发展出在火灾作用下生存的策略，有时甚至喜好火灾。

授粉
花粉从一朵花的雄性器官转移到另一朵花的雌性器官，从而产生受精的过程。这个过程可以通过多种方式进行，如风媒或虫媒。当发生在同一朵花中时，称为"自花授粉"。

树轮年代学

通过对树木年轮进行科学分析而测定年代的学科，以得出有关其生长和/或其生长环境条件的结论，如气候、火灾、雪崩等。

水产养殖

旨在培育包括植物和动物在内的水生物种的活动。该模式规模化生产鱼类、甲壳类和软体动物，以对抗渔业资源的过度开发。

水足迹

指为满足一个国家、城市、公司或个人的需求而产生的用水量的指标。

死区

在某一深度出现氧气稀缺或缺失的海洋区域，意味着大部分生命消失。

碳足迹

指为满足一个国家、城市、公司或个人的需求而产生的碳排放的指标。

土壤

陆地环境表面的松散层，由黏土、沙子、小石子等地质成因物质以及有机质形成，主要是腐烂的植物残骸。土壤是植被的基质，具有保留水分和养分的能力，同时也孕育着其他形式的生命，如动物、真菌和细菌。

土壤科学

研究土壤及其成因、组成和在境内分布的科学。

外来物种

不是原产于某一特定地区的物种，又称非本地物种。其在生态系统中的存在不一定意味着消极影响。

外温性

变温动物从体外环境获取热量的特性。其中一些动物是通过调整其行为以利用外部热源来实现的（恒温性外温动物），而另一些则是能够承受强烈的体温变化（变温性外温动物）。

微塑料

直径小于5毫米的塑料碎片。它们可能来自大型塑料的降解，也可能来自以小块形式出现的塑料产品。

温室气体

存在于平流层的气体。具有保留地球表面反射的部分太阳辐射的作用，就像温室的玻璃一样。二氧化碳（CO_2）是最重要的一种，其人为排放是全球变暖的原因。

物种

在生物学中，定义了生物分类的基本单位。传统上，一个物种被认为是由能够产生可育后代的个体组成。

新兴污染物

虽然没有被认定为是污染物，但必须研究其对环境可能产生的影响的物质。药物就是这种物质的典型例子。

循环经济

旨在减少生产中使用的自然资源和生产过程中产生的废物的模式。其目的是创建循环利用和废物利用占主导地位的闭环结构。

遗传变异性

指特定种群或整个物种内的基因差异。这种差异是进化的关键，它使物种能够适应其生活的环境。

异温动物

根据环境条件能够利用内外温动物。

异养生物

以其他生物体或其残骸为食的生物体。

营养链

描述物质和能量如何在一个生态系统中的生物体之间交换的过程。根据物种是生产者、消费者还是分解者，它被组织在不同的层次。

硬叶植物

通过长出具有厚而坚韧表皮的小叶子来适应缺水和高温条件的植物。

幽灵捕鱼

由于海上存在废弃渔具（如渔网）等原因引起的现象，导致动物意外困在其中最终死亡。

渔场

一个条件允许渔业资源丰富的海洋地区。这些地区对许多国家具有重要的经济意义，因此需要对其保护进行监管。

远洋带

水生生态系统中底栖带以上、水面以下的区域，生物在其中游泳或漂浮。

噪声污染

人类活动造成的过度的声音或噪声。这种污染对人们的健康和生活在城市中心或基础设施附近的物种产生影响。

蒸腾作用

陆地生态系统中可用的部分水返回大气的过程。其中部分水通过蒸发，部分水通过用根部吸水的植物的蒸散而散失到大气中。

植物修复

利用植物来净化环境（如土壤或潟湖水）的技术。

中上层带

位于表层水带以下的远洋带区域，最深达1000米。这里的光照不足以进行光合作用，温度明显下降。

自然选择

一种现象，即具有最大生育能力的个体的基因被"选择"给后代的现象，正是因此，生物才能拥有更多的后代。

自养型

以自养方式进行自我滋养的生物体。这种生物体可以从无机物中合成其新陈代谢所需的分子，而不需要依赖其他生物体。

自游生物

生活在远洋带的一组生物，能够靠自身机能在水中游泳。

生态友好 绿色意识